青少年百科知识文库

自然密码 · 鸟类世界奥秘

NATURAL MYSTERY

司马法良◎编著

河南人民出版社

图书在版编目（CIP）数据

鸟类世界奥秘/司马法良编著. -- 郑州 ：河南人
民出版社，2015.5
　　（青少年百科知识文库. 自然密码）
　　ISBN 978-7-215-09430-7

　　Ⅰ．①鸟… Ⅱ．①司… Ⅲ．①鸟类-青少年读物
Ⅳ．①Q959.7-49

中国版本图书馆CIP数据核字(2015)第096439号

设计制作：崔新颖　　王玉峰
图片提供：　fotolia

河南人民出版社出版发行
（地址：郑州市经五路66号　　邮政编码：450002　电话：65788036）
新华书店经销　　　　三河市恒彩印务有限公司 印刷
开本　710毫米×1000毫米　　　　1/16　　　　印张 9
字数 128千字　　　　插页　　印数 1-6000册
2015 年 7 月第 1 版　　　　　　　2015 年 7 月第 1 次印刷
定价：29.80 元

目录 CONTENTS

Part ① 鸟类知识

Part ② 游禽

Part ③ 涉禽

Part ④ 猛禽

Part⑤ 攀禽

Part⑥ 陆禽

Part 7 鸣禽

Part 1
鸟类知识

美丽动物——鸟

　　鸟，脊椎动物的一类，温血卵生，用肺呼吸，几乎全身有羽毛，后肢能行走，前肢变为翅，大多数能飞。在动物学中，鸟的主要特征是：身体呈流线型（纺锤型），大多数飞翔生活。体表被覆羽毛，一般前肢变成翼（有的种类翼退化）；胸肌发达；直肠短，食量大，消化快，即消化系统发达，有助于减轻体重，利于飞行；心脏有两心房和两心室，心搏快，体温恒定。呼吸器官除具有肺外，还有由肺壁凸出而形成的气囊，用来帮助肺进行双重呼吸。

　　鸟的体型大小不一，既有很小的蜂鸟，也有巨大的鸵鸟和鸸鹋（产于澳洲的一种体型大而不会飞的鸟）。目前全世界为人所知的鸟类一共有 9000 多种，光中国就记录有 1300 多种，其中不乏中国特有鸟种。大约有 120～130 种鸟已绝种，与其他陆生脊椎动物相比，鸟是一个拥有很多独特生理特点的种类。

　　鸟的食物多种多样，包括花蜜、种子、昆虫、鱼、腐肉或其他鸟。大多数鸟是日间活动，也有一些鸟（例如猫头鹰）是夜间或者黄昏的时候活动。许多鸟都会进行长距离迁徙以寻找最佳栖息地(例如北极燕鸥)，也有一些鸟大部分时间都在海上度过（例如信天翁）。

大多数鸟类都会飞行，少数平胸类鸟不会飞，特别是生活在岛上的鸟，基本上也失去了飞行的能力。不能飞的鸟包括企鹅、鸵鸟、奇异鸟（一种新西兰产的无翼鸟），以及绝种的渡渡鸟。当人类或其他的哺乳动物侵入到他们的栖息地时，这些不能飞的鸟类将更容易遭受灭绝，例如大海雀和新西兰的恐鸟。

在自然界，鸟是所有脊椎动物中外形最美丽、声音最悦耳、深受人们喜爱的一种动物。从冰天雪地的两极，到世界屋脊高原，从波涛汹涌的海洋，到茂密的丛林，从寸草不生的沙漠，到人烟稠密的城市，几乎都有鸟类的踪迹。鸟是一类适应在空中飞行的高等脊椎动物，是由爬行动物的一支进化来的。

许多鸟类在迁徙途中会采取"V"形编队。这是因为鸟类迁徙的路程都很长，体力消耗特别大，呈"V"形编队有助于鸟类在漫长的旅途中节省能量。鸟儿在飞行过程中会有"滑流"，追随在头鸟之后的鸟如果处于"滑流"中会减少体能的消耗。如果领头鸟累了，它后面的某一只鸟会自动补位，所以在迁徙途中很少有鸟儿因体力不支而掉队。

鸟的起源

鸟类是怎样演化来的？这是科学上的一个难题。因为鸟类的骨骼脆弱，又是在天空飞的，形成化石的机会很少，所以关于鸟类起源的化石资料也不多。目前，世界上只发现 5 例原始鸟类的化石。这 5 例原始鸟类化石都是在德国

↑ 始祖鸟化石

的巴伐利亚州的石灰岩层中发现的，距现在已有 1.5 亿年了，这些化石被证明为始祖鸟。

所以鸟类溯源于中生代侏罗纪，在该德国的巴伐利亚州的石灰岩底层发现的始祖鸟，其身体特征同时具有鸟类和爬行类共有的特征，例如有牙齿，翅膀上有指爪，有学者提出恐龙是鸟类的祖先。在中国东北新发现的中华龙鸟和孔子鸟被认为是连接恐龙和鸟类的一环，更像是有羽

毛的恐龙，比始祖鸟的年代更久远。这些化石上有清晰的羽毛印痕，而且分为初级和次级飞羽，还有尾羽。它的前肢特化成飞行的翅膀，后足有 4 个趾，三前一后；锁骨愈合成叉骨，耻骨向后伸长。这些特征都与现代鸟类相似。但奇怪的是，它的嘴里长着牙齿，翅膀尖上长着三个指爪；掌骨和跗骨都是分离的，还有一条由许多节分离的尾椎骨构成的长尾巴，

↑　根据始祖鸟化石想象还原图

这些特点又和爬行类极为相似。经研究证明，它是爬行类向鸟类过渡的中间阶段的代表，所以被称为"始祖鸟"。据测定，始祖鸟最小飞行速度是每秒 7.6 米，它可以鼓翼飞行，但不能持久。始祖鸟是怎样从地栖生活转变为飞翔生活的呢？关于这个问题，有两种说法。一种认为，原始鸟类在树上攀缘，逐渐过渡到短距离滑翔，进一步变为飞翔。另一种认为，原始鸟类是双足奔跑动物，靠前肢捕捉小型动物为食，前肢在助跑过程中发展成翅膀。始祖鸟虽然仅仅发现在化石里，但它为鸟类的起源提供了证据，被认作鸟类的祖先。

　　鸟类形成后逐渐进化，渐趋复杂，形成越来越多的种类。据一般推测，第三纪中新世是鸟类的全盛时期，后来冰期来临，鸟类受到沉重的打击，种群衰退。据估计历史上曾经存在过大约 10 万种鸟，而幸存至今的只有十分之一，不及 1 万种 20 余目。

鸟为什么能翱翔蓝天

"海阔凭鱼跃，天高任鸟飞。"你想像鸟儿那样自由翱翔于蔚蓝色的天空吗？

让我们来看看鸟儿是怎样扶摇直上的。

第一，鸟类的身体外面是轻而温暖的羽毛，羽毛不仅具有保温

↑ 鸟类飞翔

作用，而且使鸟类外形呈流线型，在空气中运动时受到的阻力最小，有利于飞翔。飞行时，两只翅膀不断上下扇动，鼓动气流，就会发生巨大的下压抵抗力，使鸟体快速向前飞行。

第二，鸟类的骨骼坚薄而轻，骨头是空心的，里面充有空气，解剖鸟的身体骨骼还可以看出，鸟的头骨是一个完整的骨片，身体各部位的骨椎也相互愈合在一起，肋骨上有钩状突起，互相钩接，形成强固的胸廓，鸟类骨骼的这种独特的结构，减轻了重量，加强了支持飞翔的能力。

第三，鸟的胸部肌肉非常发达，还有一套独特的呼吸系统，与飞翔生活相适应，鸟类的肺实心而呈海绵状，还连有 9 个薄壁的气囊，在飞翔中，鸟由鼻孔吸收空气后，一部分用来在肺里直接进行碳氧交换，另一部分是存入气囊，然后再经肺而排出，使鸟类在飞行时，一次吸气，肺部可以完成两次气体交换，这是鸟类特有的"双重呼吸"保证了鸟在飞行时的氧气充足。

另外，在鸟类身体中，骨骼、消化、排泄、生殖等器官机能的构造，都趋向于减轻体重，增强飞翔能力，使鸟能克服地球引力而展翅高飞。

鸟类的翅膀是它们拥有飞行绝技的首要条件。在同样拥有翅膀的条件下，有的鸟能飞得很高，很快，很远；有的鸟却只能作盘旋，滑翔，甚至根本不能飞。由此可见，仅仅是翅膀，学问就不少。

鸟类翅膀结构的复杂性，绝不亚于鸟类本身的复杂性。如果鸟翅的羽毛构造，能巧妙地运用空气动力学原理，当它们做上下扇动或上下举动时，能推动空气，利用反作用原理向前飞行；羽毛构造合理，能有效地减少飞行时遇到的空气阻力，有的还能起到消除震颤消噪音的作用。各种不同种类的鸟在各自翅膀上有较大的区别，这样一来，仅仅是翅膀的差异，就造就了许多优秀与一般的"飞行员"。

国家的一些二级保护动物鸟类，雄性体重超过 14 千克，身长达 120 厘米，翼展长度达 240 厘米。

再比如说，翼展为 2.3 米的军舰鸟，通常在海岸 160 千米的海上飞行，是我国一级保护动物。

鸟类能飞上蓝天，可能还有别的原因，只是人类到现在还没有发现。

从对鸟类能力的认识中，我们可以看到，探索鸟类的能力，将会有助于人类拓开更新的领域。

鸟类如何进食

　　大家知道，鸟类过着飞行生活，活动强度大，新陈代谢快，每天需要消耗巨大的能量。为了满足需要，它必须不断地努力寻找食物，尽快加以吞食和消化。不然的话，像爬行动物那样，通过细嚼慢咽来粉碎和消化食物，那么入不敷出的问题必然会变得非常严重。

　　为了适应飞翔生活，鸟类便产生了新的取食方式。这种取食方式的特点是：没有牙齿，用圆锥形的嘴——喙来啄食，将整粒或整块食物快速吞下，然后将食物贮藏在发达的嗉囊中。食物在嗉囊中经软化后逐步由砂囊磨碎，再由消化系统的其他部分陆续加以消化、吸收。这种方式不需要牙齿和与此有关的系统，大大减轻了体重。经研究发现，鸟类与取食有关的骨骼重量，大约只占头骨总重量的1/3。而其他的动物，相应骨骼的重量占头骨总重量的比例不小于2/3。鸟类不用牙齿后，导致与取食有关的骨骼退化，从而大大减轻了头骨总重量，因此更有利于飞行。而且这种砂囊磨碎方式，即使在鸟的飞行过程中，也能正常进行。可见鸟类有砂囊而没有牙齿，正是对于快速取食、快速消化的一种适应，十分适合鸟类飞行的需要。

鸟类的迁徙

　　鸟类迁徙时，或三五成群，掠过长空；或集团出动，遮天蔽日。在德拉韦尔湾海岸方圆数百平方米的暂栖地内，聚集在一起的鸟儿光一个种类就有 10 万只之多。春天，当它们来到筑巢地，大群的鸟儿分散，每对配偶选择一个筑巢点。凭窗远眺，望见筑在苹果树上的鸟巢，人们不由得会想："去年在那棵树上筑巢的，也是同一群鸟儿吗？"思索着它们飞了多么远的距离，又多么轻而易举地越过陆地与海洋，找到自己的路，岂能不惊叹有加。它们是怎样迁徙的呢？

　　在公元前 2000 年镌刻的埃及浮雕上，我们可以看到人类对鸟类迁徙的惊叹。纵然不提绵延几千年的观察，人们设法理解鸟类为何、又如何迁徙，也是由来已久的事了。第一个论述鸟类迁徙问题的是公

↑ 鸟类迁徙

元前 4 世纪的古希腊哲学家亚里士多德，可惜他的观点不对头。他指出某几种鸟是迁徙性的，这没有错；但他断言那几种鸟在迁徙的路上变成了别种鸟儿，这就把事情完全搞混了。变形的概念，比如知更鸟变成红尾鸲再变回来，在 16 世纪以前曾广为流传。那不过证明了，只要你的名气足够响，连你最糟糕的错误也能赖在书本上享受虚名。我们可以揣测亚里士多德怎么会搞错的。知更鸟夏天在北欧，冬天在希腊；红尾鸲夏天在希腊，冬天在非洲。在亚里士多德眼里，两者的大小和颜色十分相近，所以就猜想知更鸟和红尾鸲是一种鸟的两种打扮，是毛虫变蝴蝶在鸟类中的翻版。

到 16 世纪，欧洲探险家进行环球航行，欧洲人在美洲定居下来。在人们拓宽了的眼界下，亚里士多德观点的错误就暴露了。可是又发生了新的争论，博物学家相信，类似于上述的鸟可往返于很长的距离之间，有些甚至从一个洲到另外一个洲，这听起来有点不可思议。博物学家无法解释，轻盈如鸣禽才百克重，怎能飞越即便人类也才刚开始征服的距离。于是另一些理论家提出了完全不同的见解：鸟儿根本没有迁徙，它们在原地销声匿迹，是因为冬眠了。既然像熊这样大的动物能冬眠，小小的鸟儿当然更容易冬眠。这一理论的支持者也难找到证据：鸟儿如果冬眠的话，是在哪儿冬眠？为什么没人看见它们在冬天的藏身之处？

人们后来发现，鸟儿冬眠的事确实有，但十分罕见。加利福尼亚沙漠地区纳托尔的蚊母鸟就是其中一例。还有其他一些鸟，尤其是猫头鹰科的，既不冬眠也不迁徙。例如，条纹猫头鹰和大角猫头鹰一年四季生活在同一地区。最小的猫头鹰是美国西部的精灵猫头鹰，身长仅 15.2 厘米，会迁徙到墨西哥，因为它们的食物是昆虫，不是小型哺乳动物，而在冬天的几个月里没法找到昆虫。造成鸟类迁徙的是食物匮乏，而不是季节寒冷本身。我们人类当中的"雪鸟"在温暖的佛罗里达过冬，又回北方歇夏。真正的鸟儿可不是这么回事，它们无暇找寻宜人的气候，却要觅求果腹之地。觅食的冲动能把它们赶上迢迢旅程，那是连生活在如今大型喷气客机时代的人类也未免望而生畏的。北极燕鸥每年迁徙时从位于北极圈的筑巢地经欧洲和非洲的海岸南下至南极地区。食米鸟由加拿大到巴西南部、阿根廷和乌拉圭的草原，行程 8045 千米。有些鸟在迁徙中飞到了不可思议的高度，纹头雁以 8991.6 米的高度飞越喜马拉雅山。还有些鸟作长距离不着陆飞行，那当中的时差适应，人类得花上一个月才能恢复。黑顶白颊林莺在秋天从马萨诸塞海岸起飞，36 小时后到达大西洋上某处，赶着西印度群岛的季风，飞抵南美洲海岸。这是一次为期四天的不着陆飞行。

19 世纪中叶，搜集珍禽在富裕的欧洲和美洲趋于流行，鸟类迁徙的全部惊人内幕亦随之被揭晓。猎鸟者被派遣去深山密林，射杀珍稀鸟类，就地剥制成标本。珍稀鸟类的羽毛成了夫人、小姐帽子上时髦的装饰，弄得许多大型鸟类差不多要绝种。这反过来又激发了最早的爱鸟护鸟活动。成立于 1905 年的奥杜邦协会率先倡导护鸟。西奥多·罗斯福总统于 1907 年在鹈鹕岛创建了第一个国家鸟类自然保护区。

在 19 世纪，对鸟类的了解大抵出于兴趣，但相关的科学探讨也有一定发展，其中主要的是 1827 ~ 1838 年约翰·詹姆士·奥杜邦精美的出版物《美洲鸟类》。奥杜邦先生对自然生活环境中的各种鸟类进行观察，把它们绘成图画。这些画具有极高的艺术与科学价值。《物种起源》出版于 1858 年，其作者查尔斯·达尔文跟随"贝格尔号"进行为期 5 年的环球考察时，深受奥杜邦鸟类研究的影响。从许多方面看，达尔文的进化论反而使鸟类迁徙现象更加神秘难解。如果鸟类在分隔开的各地区进化成新种，为什么还有些鸟飞如此的远，去寻找冬天的觅食之地呢？

看来事情往往是，生物学家对鸟类了解得越多，有关鸟类的知识就越令人困惑。使科学家怔住的不仅仅是鸟类那令人难以置信的飞行距离，更让他们为难的是不同种类的鸟还有不同的迁徙方式。例如，大多数种类的鸟会飞离径直的航线，以免在开阔的水域上空长时间地飞行。这好像很合乎逻辑，因为陆地生活的鸟在开阔水域上没地方可以歇脚或觅食。可是为什么有些鸟偏偏要进行这样艰难的飞行呢？黑顶白颊林莺怎么会接连四天在海上进行不着陆飞行？更叫人困惑不解的是，红喉蜂鸟要吃大量的食物方能维持两翼极其快速的拍动，为什么能从美国南部到尤卡坦半岛再回来，进行跨越墨西哥湾的长途飞行呢？按理说在所有各类鸟中，它们最有条件绕道靠近陆地飞行，免得飞行804.5千米，越过墨西哥湾。

像这样一些叫人费解的问题，使许多专家怀疑自己究竟是不是真的了解鸟类迁徙之谜。在20世纪的头几十年中，确定鸟类迁徙方式的工作有了一些进展，因为在鸟类筑巢地给鸟腿加箍带或环的做法得到了普及。另外，全球的鸟类观察爱好者见到带箍的鸟儿时愿意报告消息。在他们的帮助下，科学家绘制出了复杂的鸟类行程地图，关于鸟类迁徙的位置和时间问题因此有了详细解答。仍然让人捉摸不透的是迁徙的机制问题。

人们已经搞清，大多数种类的鸟不是拖家带口迁徙。在大部分情况下，雄鸟比雌鸟和刚会飞的幼鸟先离开夏季筑巢地。雄性的红喉蜂鸟早在7月底便动身回墨西哥，而同种的雌鸟和幼鸟要在美国待到10月份。另一方面，三种天鹅，包括小身材的冻土带天鹅和大得多的号手天鹅（两者都是北美的鸟类），却是举家从阿拉斯加和加拿大的筑巢地，迁徙到美国境内的冬季觅食地。天鹅合家迁徙的原因，在于它们成熟得比大多数鸟类慢，幼鸟需要得到一切可能的帮助，才不至于在迁徙途中迷路。

候鸟为何渡海

候鸟渡海曾引起四方学者的各种争议，就是到了今天仍是不得其解，但诸家之言也并非全无道理。

英国学者奥烈史有自然淘汰说。树的果实或昆虫到了冬天就会减少，故鸟儿为了寻找更

↑ 候鸟

丰富的食料而准备向南方转移。最初只是移至很近的地方，但是飞得愈远者获得的食物愈好。鸟自然领悟了此点，渐渐地延长了移动的距离。所以奥烈史认为鸟类是为了寻求食物才移动的。

另有学者把"渡海"的起源与冰河时代结合在一起说明。按照他们的说法，过去地球有 3 ～ 4 次被大冰河掩盖的时期，此时鸟也随着冰河的成长期及减衰期向南北移动，从而慢慢地养成了渡海的习惯。

还有一种学说与鸟的所谓"趋旋旋光性"有关，认为鸟喜欢去光线

最多的地方，所以在太阳因四季变动而在赤道的南北移动时，鸟也自然跟随。最近洛安通过调查研究得出如下结论：在渡海期之前，鸟因阳光照射时间延长，而在体内积储脂肪，并且因为性荷尔蒙的作用活泼而无法稳定下来，所以鸟儿只能渡海移至别处。

除此之外，候鸟又是依赖什么而能正确地飞往远方目的地的呢？

德国教授克黎玛利用叫做"向星鸟"的鸟做实验后，确认了候鸟决定渡海方向的事实，并于1950年发表了这个学说。由此证实了鸟具有与太阳时间、方位有关的感觉，这种感觉被称为"体内时间"。

至于鸟在晚上渡海一事，德国的科学家凭借天象仪通过实验证实鸟可凭借星空判定方向，但是在阴天或没有星星的晚上候鸟该怎么办呢？

瑞士的莎达博士利用雷达进行实验，他在鸟类渡海的季节，把雷达指向候鸟渡海路线上经常经过的地点。结果表明，在晴天时候鸟的踪迹总是会通过雷达的涵盖区域，但在云变厚之后这种现象便不再出现，说明了在完全阴天时鸟会迷失方向。

孰是孰非，候鸟专家们仍然在研究，进行着马不停蹄的探索与追寻。候鸟渡海之谜，有待揭晓。

鸟类群栖之谜

在英国著名电影导演兼制片人希区柯克主持拍摄的科教影片《群鸟》里，成千上万只鸟类在空中齐飞，曾使不少观众感到惊讶。事实上，有许多鸟类学家和其他有关的科学家，都在探索鸟类群栖之谜，并且已经取得了可喜的成绩，不过有的问题尚有争议。

有一种看法是，鸟类的群集可以形成信息中心。在辽阔的鸟

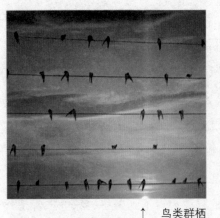

↑ 鸟类群栖

类栖息地区，只有群集的鸟类才能够更有效地发现密密麻麻的大量昆虫、鱼群、成熟果子、混杂种子和死动物躯体等食物。因为在成群觅食的鸟类中，只要有几只鸟，甚至一只鸟找到了食源之后，其他鸟就会很快地得到信息，从而被诱集起来，而且数量越聚越多。而对于独栖或少栖鸟类，觅食如大海捞针一样困难。至于鸟类之间靠什么来传递信息呢？有的科学家认为鸟类不会打嗝，也不会拍动它们肚子里的美餐示告于众，所以

至今还是个不解之谜。另一些科学家认为，鸟类可以用视力发现同类寻得食物的信息。

"信息中心"的第二个作用是传递敌情。群栖鸟类在觅食、飞行和休息的时候，只要其中有一只鸟或者几只鸟发觉了敌害，它或它们会立即惊叫，通报其他鸟"有敌害来临，赶快飞逃"的信息。在大自然里，人类、野兽和猛禽等都是鸟类的敌害。所以"信息中心"对鸟类生存有积极的意义。

另外，鸟类在集群飞行时，能够迷惑敌害，使它们眼花缭乱，无从下手。

美国生物学家巴巴拉·库斯于 20 世纪 70 年代末、80 年代初，在加利福尼亚州北部的博利那斯环礁湖岸观察鹬科鸟类时，目击了一种名叫灰背隼的猛禽袭击鸟类共达 689 次之多。她发现，被袭击的几乎都是单只飞行的鸟，很少是十来只群飞的鸟，超过 500 只的集群鸟没有被袭击过一次。另一位生物学家在近马萨诸塞州的南博罗地区，观察到一只鸡鹰袭击一群 25 只雪松太平鸟。在 15 分钟内，这只鸡鹰明显出击正在混乱飞行的雪松太平鸟 5 次，鹰每次出击，太平鸟互相集中。最后，受挫的鸡鹰因得不到美餐，只好放弃追逐，飞离而去。为此，加利福尼亚大学生物学家威廉·汉密尔顿认为，在空中飞行的群鸟比单独孤飞的鸟不易被敌害袭击只是个几率问题。同是一次袭击，一只鸟在群体中被伤害的可能性自然要小得多了。

还有一些科学家认为，鸟多势大同时有惊离敌害的作用。例如，一些捕食小鸟的猫头鹰，在成群小鸟共鸣之中，它们不仅不敢下手，相反会被群鸟吓跑呢！

还有一种看法是，鸟类的群栖行为是为了保护"年长者"。

国际上有不少鸟类学家在研究鸟类的群栖行为。他们发现这一行为对年长的鸟类是安全的，而对年幼的鸟类却是危险的，因而提出"保护老鸟"理论。为了说明这一理论，还得从鸟类的群栖位置上谈起。

根据美国鸟类学家韦瑟黑德博士的分析，鸟类在陆上的群栖位置可以归纳为垂直和水平两种主要形式。从科学家对澳大利亚的彩虹鹦鹉以及英国东洛锡安、苏格兰的秃鼻乌鸦观察表明，它们都以垂直方向群栖，年长的鸟停息在高处，不易被陆生敌害袭击，而年幼的鸟停栖在低处，容易遭到敌害的捕食。而生活在美国德克萨斯州的里斯大学校园里栎树上的棕头椋鸟，以及加拿大渥太华的一个公园中香蒲上的红翅鸫，都以水平方式群栖的，年老的鸟在内层，年幼的鸟在外层，所以首先被敌害袭击的是后者，前者显然比较安全。丹麦的鸟类学家研究本国群栖燕子中也发现，老燕子比小燕子处于优势地位，可以减少或避免敌害的袭击。

这些发现，勾起了科学家们的奇想：难道鸟类也有人类那样的敬老行为，还是老谋深算的年老鸟自己先抢"安全地"呢？真是神秘莫测。

除了以上这些理由，大家公认的是，鸟类在结群飞行时能够节约能量。

鸟类在结群单列纵队飞行时，能够划开空气，形成一条飞行"跑道"。在这条跑道上产生一种部分真空或滑流，使后面的绝大多数鸟类减少空气阻力，容易前进。如果鸟类群飞以摇晃的"V"字形式，它们的翼梢在气流离开其邻近飞鸟的翅翼时，产生上升的旋流，这样能大大节约能量。科学家们曾计算，摇晃的"V"字形式群飞鸟类比单只鸟拍翅飞行可节约能量70%。科学家把这两种形式的节能飞行，称为鸟类的"廉价飞行"，并认为它们在廉价飞行中还交换信息——"彼此谈话"。

鸟类之最

跑得最快的鸟：鸵鸟，它平均速度 72 千米／小时。

游水最快的鸟：巴布亚企鹅，它平均速度 27.4 千米／小时。

最小的鸟和最小的鸟卵：许多人都知道蜂鸟是世界上最小的鸟类，其实这种说法并不十分准确，因为全世界

↑ 鸵鸟

的蜂鸟有 315 种左右，分布于从北美洲的阿拉斯加到南美洲的麦哲伦海峡，以及其间的众多岛屿上。它们的体形差异也很大，最大的巨蜂鸟体长达 21.5 厘米，当然不能说它是世界上最小的鸟了。而产于非洲的麦粒鸟的体长只有 5.6 厘米，其中喙和尾部约占一半，体重仅 2 克左右，其大小和蜜蜂等昆虫差不多，这样的蜂鸟才是世界上体形最小的鸟类，

它的卵也是世界上最小的鸟卵，比一个句号大不了多少。蜂鸟的羽毛大多十分鲜艳，并且闪耀着金属的光泽。它们的飞行本领高超，可以倒退飞行，垂直起落，翅膀振动的频率很快，每秒钟可达 50 ～ 70 次，所以有"神鸟""彗星""森林女神"和"花冠"等称呼。我国近几年有很多地方都声称发现了蜂鸟，其实都是误传。

体形最大的鸟：世界上体形最大的现生鸟类是生活在非洲和阿拉伯地区的非洲鸵鸟，它的身高达 2 ～ 3 米，体重 56 千克左右，最重的可达 75 千克。但它不能飞翔。它的卵重约 1.5 千克，长 17.8 厘米，大约等于 30 ～ 40 个鸡蛋的总重量，是现今最大的鸟卵。

翼展最宽的鸟：漂泊信天翁翼展时可达 3.63 米。

最大的飞鸟：生活在非洲东南部的柯利鸟，翅长 2.56 米，体重达 18 千克左右，是世界上能飞行的鸟中体重最大者。

最重的飞鸟：大鸨，雄性的体重 18 千克。

最小的猛禽：婆罗洲隼，体长 150 厘米，体重 35 克。

羽毛最多的鸟：天鹅，超过 25000 根。

羽毛最少的鸟：蜂鸟，不足 1000 根。

羽毛最长的鸟：天堂大丽鹃，尾羽是体长的两倍多。

寿命最长的鸟：鸟类中的长寿者不少，如大型海鸟信天翁的平均寿命为 50 ～ 60 年，大型鹦鹉可以活到 100 年左右。在英国利物浦有一只名叫"詹米"的亚马孙鹦鹉，生于 1870 年 12 月 3 日，卒于 1975 年 11 月 5 日，享年 104 岁，不愧为鸟中的"老寿星"。

寿命最长的笼养鸟：葵花凤头鹦鹉，80 余年。

飞行速度最快的鸟：尖尾雨燕平时飞行的速度为 170 千米／小时，最快时可达 352.5 千米／小时。

冲刺速度最快的鸟：游隼在俯冲抓猎物是能达到 180 千米／小时。

飞得最慢的鸟：小丘鹬，8 千米／小时。

振翅频率最高的鸟：角蜂鸟，90 次／秒。

振翅频率最慢的鸟：大秃鹫，滑翔数小时不拍翅。

一次飞行时间最长的鸟：北美金鸻，以 90 千米／小时的速度飞 35 小时，越过 2000 多千米的海面。

飞行最高的鸟类：大天鹅和高山兀鹫是飞得最高的鸟类，都能飞越世界屋脊——珠穆朗玛峰，飞行高度达 9000 米以上，否则就可能会撞在陡峭的冰崖上丧生。

飞行最远的鸟类：北极燕鸥是飞得最远的鸟类。它是体形中等的鸟类，习惯于过白昼生活，所以被人们称为"白昼鸟"。当南极黑夜降临

↑ 北美金鸻

的时候，便飞往遥远的北极，由于南北极的白昼和黑夜正好相反，这时北极正好是白昼。每年6月在北极地区生儿育女，到了8月份就率领儿女向南方迁徙，飞行路线纵贯地球，于12月到达南极附近，一直逗留到翌年3月初，便再次北行。北极燕鸥每年往返于两极之间，飞行距离达4万多千米。因为它总是生活在太阳不落的地方，人们又称它"白昼鸟"。

最凶猛的鸟：生活在南美洲安第斯山脉的悬崖绝壁之间的安第斯兀鹰，体长可达1.2米，两翅展开达3米。它有一个坚强而钩曲的"铁嘴"和尖锐的利爪，专吃活的动物，不仅吃鹿、羊、兔等中小型动物，甚至还捕食美洲狮等大型兽类，因此又有"吃狮之鸟"和"百鸟之王"的称呼。

尾羽最长的鸟类：日本用人工杂交培育成的长尾鸡，尾羽的长度十分惊人，一般长达6～7米长，最长的纪录为1974年培育出的一只，为12.5米。如果让它站在四层楼房的阳台上，它的尾羽则可以一直拖到底楼的地面上，因此也是世界上最长的鸟类羽毛。

雄鸟和雌鸟体重相差最大的鸟类：生活在欧亚大陆北部的大鸨在鸟类中雄鸟和雌鸟体重差别最大，雄鸟体重为11～12千克，而雌鸟只有5～6千克。

嘴峰最长的鸟类：生活在南美洲的巨嘴鸟是嘴峰最长的鸟类，它的嘴峰的长度为1米左右，十分奇特。

最长鸟喙：澳洲鹈鹕，喙长47厘米。

最宽鸟喙：鲸头鹳，喙宽12厘米。

学话最多的鸟：非洲灰鹦鹉，学会800多个单词。

最擅模仿鸟鸣的鸟：湿地苇莺，模仿60多种鸟鸣。

最复杂的鸟巢：非洲织布鸟的巢，它同时也是最大的公共巢，有300多个巢室。

最大的鸟巢：白头海雕的巢，长6米，宽2.9米。

最小的巢：吸蜜蜂鸟的巢，只有顶针大小。

产卵最少的鸟类：信天翁每年只产一枚卵，是产卵最少的鸟。

窝卵数最多的鸟：灰山鹑（一种鸡类），每窝15～19枚。

孵化期最长的鸟类：信天翁也是孵化期最长的鸟类，一般需要75～82天。

最晚性成熟的鸟类：信天翁雏鸟达到性成熟的过程也是鸟类中最长的，需要9～12年。

最大的鸟卵化石：17世纪中叶以前，在马达加斯加岛南部生活着一种象鸟，现在已经绝迹。象鸟的卵化石的长径为35.6厘米，相当于148个鸡蛋的大小，是迄今世界上所发现的最大鸟卵化石。

最大的鸟类化石：最大的鸟类化石是隆鸟的化石，估计它的身高达5.5米左右，原来生活在马达加斯加岛上，在公元17世纪时灭绝。

Part2

游禽

银鸥

银鸥又名鱼鹰子黑背鸥、淡红脚鸥、黄腿鸥、鱼鹰子和叼鱼狼等，全长约60厘米。体型厚重，头部平坦。其羽头、颈和下体纯白色，背与翼上银灰色。腰、尾上覆羽纯白色，初级飞羽末端黑褐色，有白色斑点。嘴黄色，下嘴尖端有红色斑点。冬羽头和颈具褐色细纵纹。栖息于港湾、岛屿、岩礁和近海沿岸，喜欢群居。

↑ 银鸥

常尾随船只或聚集海岸码头，每群可达百只以上，拣食水中死鱼或残留物，也吃啮齿类及昆虫。繁殖期5～8月。

银鸥为中型水禽，体长37～43厘米，体重为134～170克。夏羽的前额、头顶、枕部，包括冠羽和眼下缘至耳区的整个头顶部为黑色，并且具有绿色的金属光泽，与鸥属和浮鸥属种类明显不同。眼的下缘有星月形的白斑。背部、肩部和翅上的覆羽为暗灰色。腰部、尾上覆羽和尾羽的颜色呈淡灰色，外侧两对尾羽几乎为白色。外侧尾羽特别延长，而且很尖，使尾羽呈深叉状，与浮鸥较短的尾羽不同。

眼睛以下的头侧部、颈侧部、额部、喉部和整个下体均为白色。冬羽前额为暗白色。头顶和枕部为暗灰色，具白色的纵纹，眼区和耳覆羽为黑色。其余部分和夏羽非常相似。虹膜深褐色或蓝黑色。嘴黄色，冬季较暗并且带有黑色的尖端，脚和趾为红色，爪黑色，但趾间的蹼不呈深凹状，与浮鸥属鸟类不同。虹膜褐色；嘴深黄；脚红色。其叫声在繁殖地驱赶其他入侵者时发出愤怒的"ping"声。

银鸥就像其他鸥属一样是杂食性鸟类，并会从垃圾堆中、田园上及海边寻找食物，更会从千鸟或田鸠手中抢走食物。

银鸥是一种群居性鸟类，常几十只或成百只一起活动，喜跟随来往的船舶，索食船中的遗弃物。一鸟入水取食，群鸟紧跟而下，从远处望去，好似片片洁白的花瓣撒入水中，缓缓随水荡漾，别有一番风趣。银鸥是船舶即将靠岸的"活指示"。它们活动在近海附近，船员们发现了海鸥，就说明距岸已经不远了。银鸥以动物性食物为主，其中有水里的鱼、虾、海星和陆地上的蝗虫、螽斯及鼠类等。

银鸥一般会在陆地上或悬崖上生蛋，一般为 3 只。它们会保护这些蛋，而它们的叫声亦在北半球甚为闻名。每年 4～8 月是银鸥的繁殖期，它们结群营巢在海岸、岛屿、河流岸边的地面或石滩上。巢很简陋，由海藻、枯草、小树枝、羽毛等物堆集而成一浅盘状。每次产卵 2～3 个。雌雄轮流孵卵，经 24～28 天后，雏鸟破壳而出。银鸥吃鼠类，如黄鼠、姬鼠、田鼠等。据记载，有一地区栖居着 1200 只银鸥，3 个月内消灭了鼠类 25 万只，由此可见它对农业的益处。

黑天鹅

黑天鹅原产于澳洲，是天鹅家族中的重要一员，为世界著名观赏珍禽。其体貌特征为全身除初级飞羽小部分为白色外，其余通体羽色漆黑，背覆花絮状灰羽。喙鲜红色，前端有一"V"形白带。虹膜赤红色，蹼黑色，体重

↑ 黑天鹅

4～7千克，颈常呈"S"形弯曲，体态端庄而美丽。

黑天鹅属雁形目鸭科天鹅属的一种游禽，成对或集小群活动，以浅滩的水生植物、草和水生动物为食。体长80～120厘米，体重6000～8000克，头颈较长，约占全身总长的一半，翅上长有如风帆一般卷曲的婚羽，全身羽毛卷曲，主要呈黑灰色或黑褐色，腹部为灰白色，飞羽为白色。嘴为红色或橘红色，靠近端部有一条白色横斑。虹膜为红

色或白色，跗跖和蹼为黑色，体型极为美丽，有着极高的观赏价值和经济价值。

黑天鹅可能独自行动，也可能成群结队（从几百只到几千只不等）。尽管大部分的身躯覆盖着黑色的羽毛，但是一旦飞行起来，便可发现其实黑天鹅有着一排白色的滑翔羽。它们有着明显、亮红色的喙部，双足则是灰黑色的。

成年的黑天鹅身长大约在1.1～1.4米之间，平均重量6～9千克重。在飞行时，翼展可达1.6～2米宽。颈部细长，在天鹅中算是最长的一种，通常弯成优雅的S型。

雄鸟比雌鸟来得稍微大一些，喙也比较直且长；雏鸟有着灰棕色的羽毛。

黑天鹅在飞行时或划水时偶发响亮如军号的叫声，不过也会发出低低的轻哼。在孵育或是筑巢时如果受到惊扰，则会发出嘶鸣声。

黑天鹅跟其他澳大利亚的鸟类外形迥异，不过在微光下飞行时可能会被错认成鹊鹅。不过只要看清楚它们长长的颈子与缓慢地击翼节拍，应该还是可以分辨得出来。

黑天鹅雌雄体态及羽毛色泽基本一致，外观区别不十分明显。但从形态、行为两方面观察比较，黑天鹅雄鸟在形态方面较雌鸟体型稍大，躯体微粗圆，颈部稍粗，站立时稍高，雄性胆子较大，对外界干扰甚敏感。发情初期主动追逐雌性，配对后总是雄性在前带领雌性活动，并经常对雌性有保护行为。行走时步幅较大，频率较快。繁殖季节特别是孵化期和育雏期雄性特别凶猛，主动进攻靠近其巢区的动物和人，在巢区周围负责警戒。雌鸟个体稍为矮小，性情较温顺，胆子较小，很少有主动攻击行为。

信天翁

漂泊信天翁，大型海鸟，是信天翁的一种。漂泊信天翁的外形很美丽：小巧的脚蹼，修长的翅膀，尖锐的嘴啄，巨大的翼骨。因为重情，所以又被称为"长翼的海上天使"，又因滑翔好，被称为"杰出的滑翔员"。因为双名美誉，更为它添上了奇幻的色彩。与其他的信天翁一样，漂泊信天翁也是一种杂食动物。体型大的身长可达1米以上，翼幅展2.5米以上。信天翁有2属13种，其中3个种在北太平洋营巢，9个种在南半球温带区营巢，1个种在加拉帕戈斯群岛营巢。

漂泊信天翁，世界上个头最大的海鸟之一。典型的滑翔鸟，会利用海浪上方的气流变化盘旋。喜食尸肉，如浮在水面上的死鱼或头足类软体动物。雌雄两性终生相伴。求偶时，双方展翅，边叫边触喙。从产蛋到雏鸟离巢出飞几乎需要一年时间。

漂泊信天翁6～7岁时成年，雌鸟才开始产卵，幼鸟羽毛丰满后便开始了终生的海上漂泊。信天翁多生活在南半球。在南纬40度的地带，每月有27天是猛烈西风掀起巨浪的日子，这里是信天翁的理想天堂。它常利用西风从西向东做长距离的飞行，10个月飞行1.5万千米。无风时在海面休息，夜间在海面浮游。漂泊信天翁4岁以后就能准确地飞向自己的出生地，开始寻找配偶，一般要"考察"一两年，才能认定这门"婚事"。

漂泊信天翁之外形及大小与皇家信天翁极为近似，在远处极难清楚分辨。其出没的范围较广阔，几乎在整个南冰洋都有其踪迹，故得其名。

与其他的信天翁一样，漂泊信天翁也是一种杂食动物。翅比较长，体长110厘米，可翅长却达到了275厘米。羽毛纯白，翅尖却是黑的，每两年脱一次羽。漂泊信天翁善潜水，是最会潜水的信天翁，可以下潜12米深。它的胃也很奇特，会因为天气的变化而改变食物的种类。漂泊信天翁的繁殖力低，一般10岁后产仔（可活30年）。一胎只有一只，其间孵化要78天，看护20天，还要定期喂食。一共365天，相当于一年产一只。

漂泊信天翁非常坚强。一开始生活时，无人干扰没有天敌。20世纪被水手发现于中国海域境内，之后蛋被偷，羽被抢，遇到了世纪性的大灾难。20世纪40年代后期到50年代一度销声匿迹。直到1954年，在日本鸟岛发现了200余只。后来又受到美国空军的危害，百余只仅剩40余只，之后，又飞回了中国。现在已经发展到了800余只。

漂泊信天翁繁殖习性与食物也和皇家信天翁雷同，但繁殖季节较迟，始于1月底，并会随船只航行活动觅食。其总数约为8万只。

信天翁天长地久的爱情从翩翩起舞开始，关系一般会维持终生。在交配季节，信天翁会返回同一繁殖地等待伴侣的回归，不过假若过了一段时间仍不见对方回来，它们

↑　信天翁

还是会尝试另结新欢。重逢时，信天翁情侣又会翩翩起舞一番，然后交配产卵。双方会共同承担养育后代的责任，哺育的过程将持续到幼鸟长得较父母大上多至三分之二时才结束。对子女的温情，使信天翁堪当天下最称职的父母。

漂泊信天翁的幼鸟一旦获得了飞行能力，就会一直飞下去，直到在成年之后准备产卵繁殖，而这个过程往往需要十年之久。信天翁以鱼类及磷虾等为食，捕猎时或者俯冲进海水里或者在掠过海面时抓住猎物。它的睡眠是在飞翔过程中完成的，大脑的左右两部分交替着进行休息。信天翁隶属于鹱形目，从前称为管鼻类，其含义是具有管状鼻。信天翁的鼻管沿着它们巨大的钩状鸟喙与发育良好的嗅腺相连，这种构造使得它们具有极强的嗅觉，能在几千米以外就可以发现它们所寻找的食物和它们的巢区。对于某些种类的信天翁，其管状鼻还有另一个作用，就是当体内盐分过多时，由一个鼻管排出多余的盐分，同时用另一个鼻管保持正常的呼吸。

年轻的信天翁要花费几年的时间，通过观摩来学习前辈主要用鸟喙发出的噼啪响声来表达的一种精巧的求爱舞蹈。它们一旦找到了"意中人"，就会相伴终生，而且彼此会形成一种独特的肢体语言，每当长期分离后的重逢时，就会用这种语言来互相问候。它们每两年才产一枚卵，由雌雄双方轮流负责孵卵和寻找食物。一只信天翁常常要飞行 1600 千米左右，才能在嘴里塞满用来喂养雏鸟的食物。

食物首先被吞咽到成年信天翁的嗉囊里，到了巢穴后再被反吐出来喂养雏鸟，但是如果经过长时间的飞行，信天翁吞咽到嗉囊里的食物就会被消化成为一种富含蛋白质的浓缩油质，这种油质在水分缺乏时可以用来解渴，也可以作为营养丰富的鱼肉甜点喂给雏鸟。

蓝脚鲣鸟

↑ 蓝脚鲣鸟

蓝脚鲣鸟又叫结巴鸟，是一种大型的热带海鸟，蓝脚鲣鸟长着一双蓝色的脚蹼，这种蓝脚鲣鸟分布在从美国南加利福尼亚到秘鲁北面的太平洋地区。蓝脚鲣鸟不怕人，所以很容易被人抓住，还因此得了一个不好听的名字——笨鸟。

蓝脸鲣鸟是大型海鸟，体形比红脚鲣鸟和褐鲣鸟还要大，平均身长80厘米，体重在1.5千克上下。雌性比雄性稍大些。嘴长粗而尖，呈圆锥状，翅膀较为狭长，脚粗而短。它的身体上的羽毛也均为白色，飞羽为黑色，尾羽有14枚，呈楔形，也是黑色，与红脚鲣鸟的白色尾羽不同，

而且嘴、脸、眼睛和脚等的颜色也都与红脚鲣鸟不同。雄鸟的嘴为亮黄色，雌鸟的嘴为暗黄绿色。脖子粗壮。眼睛呈黄色，雌鸟的瞳孔较雄鸟的瞳孔要大。特别的是它们的嘴喙上没有鼻孔、直接用嘴巴呼吸。最引人注目的是它们长着一对蓝色的大脚，不过雄鸟的相对雌鸟的要小些。

蓝脚鲣鸟食物有沙丁鱼、凤尾鱼、鲭科鱼、飞鱼等。主要栖息于热带海洋、海岬和岛屿上，除了繁殖期以外，大多数时间都在海上活动。善于飞行和游泳，常呈小群飞行于海面的上空或者在海面上游泳。

蓝脚鲣鸟捕鱼的本领非常高。它们在水面 30 米高(有时甚至 100 米)的地方飞行，一旦发现爱吃的鱼，就收拢双翅，头朝下，像一颗流星溅入湛蓝的大海，它们扎进水里的速度达到了 97km/h。入水时产生的巨大声响，能把水面以下 1.5 米处左右游动的鱼震晕，这时鲣鸟以迅雷不及掩耳之势钻入水里，用双翅和带有蹼的脚拨水，在水中快速游动觅食。鲣鸟一咬住鱼，便在水下把鱼吞入腹中，然后浮出水面。为了抗击强大的冲击力，蓝脚鲣鸟的头变得非常坚硬，脖子也特别粗。当然每次入水都有生命危险，要是位置和角度不好就会折断脖子而丧命。

在繁殖期间，雄鸟会不停地左右抬起那双醒目的蓝色大脚，在这求偶舞期间它还会张开上扬双翅，来吸引雌鸟的注意，以取得交配权，蓝脚鲣鸟一般是一夫一妻制的，也有个别情况。

蓝脚鲣鸟一般能产下 2 ~ 3 个蛋，通常在产完第一枚卵后，相隔 6 天左右才产第二枚卵。雌雄鸟轮流孵蛋，他们不是像其他鸟儿那样用身体来孵卵，而是用它们那对漂亮的大大的脚蹼护住卵，保持温度，直到孵化出幼雏，孵蛋期大概在 41 ~ 45 天。

现在蓝脚鲣鸟已是濒危动物，属国家二级保护动物。

鸬鹚

　　鸬鹚，水鸟，捕鱼能手，有黑色金属光泽，能在水下潜游。这种鸟在东方和其他各地已为人驯化用以捕鱼。以对人类价值不大的鱼为食。所有种类均生产鸟粪。除寒冷干旱的内陆和中太平洋岛屿外，鸬鹚栖息于所有海滨、湖泊和河流。

　　鸬鹚用海藻和鸟粪在悬崖上筑巢，或在树木或灌丛上用树枝筑巢。这种鸟每窝产 2 ～ 4 枚白垩色卵（刚产下时呈淡蓝色）。鸬鹚孵化期为3 ～ 5 周。第三年内性成熟。鸬鹚喙长，尖端钩状。脸上有数块裸露的皮肤。有一个小喉囊。在这种鸟中，普通鸬鹚是最大的分布最广的品种；白颊，体长约 100 厘米；繁殖于加拿大东部到冰岛，跨越欧亚大陆到澳大利亚和新西兰，及部分非洲地区。普通鸬鹚和稍小的绿鸬鹚可驯化用以捕鱼。秘鲁鸬鹚（即南美鸬鹚）和非洲南部海滨的好望角鸬鹚则为最重要的鸟粪生产者。

　　鸬鹚也叫水老鸦、鱼鹰，身体比鸭狭长，体羽为金属黑色，善潜水捕鱼，飞行时直线前进。中国南方多饲养来帮助捕鱼。是鹈形目鸬鹚科的 1 属，有 30 种，除南北极外，几乎遍布全球。该鸟可驯养捕鱼，我国古代就已驯养利用，为常见的笼养和散养鸟类。野生鸬鹚分布于全国

↑ 鸬鹚

各地，繁殖于东北、内蒙古、青海及新疆西部等地。

该鸟体羽黑色，并带紫色金属光泽。肩羽和大覆羽暗棕色，羽边黑色，而呈鳞片状，体长最大可达 100 厘米。嘴强而长，锥状，先端具锐钩，适于啄鱼；下喉有小囊；喉部具大白点。生殖期中，胁下有大形白斑，头及颈密生白丝状羽。后头部有一不很明显的羽冠。幼鸟的下体黑色，杂以白羽。眼绿色，嘴端褐色，下嘴基部灰白色，而裸区及喉暗红色，脚黑色。脚后位，趾扁，后趾较长；具全蹼。

鸬鹚性不甚畏人。鸬鹚善于潜水，能在水中以长而钩的嘴捕鱼。野生鸬鹚平时栖息于河川和湖沼中，也常低飞，掠过水面。飞时颈和脚均伸直。夏季在近水的岩崖或高树上或沼泽低地的矮树上营巢。常在海边、湖滨、淡水中间活动。栖止时，在石头或树桩上久立不动。飞行力很强。

除迁徙时期外，一般不离开水域。主要食鱼类和甲壳类动物为食。鸬鹚在捕猎的时候，脑袋扎在水里追踪猎物。

鸬鹚的翅膀已经进化到可以帮助划水。因此，鸬鹚在海草丛生的水域主要用脚蹼游水，在清澈的水域或是沙底的水域，鸬鹚就脚蹼和翅膀并用。在能见度低的水里，鸬鹚往往采用偷偷靠近猎物的方式到达猎物身边时，突然伸长脖子用嘴发出致命一击。这样，无论多么灵活的猎物也绝难逃脱。在昏暗的水下，鸬鹚一般看不清猎物。因此，它只有借助敏锐的听觉才能百发百中。

鸬鹚捕到猎物后一定要浮出水面吞咽。所以，在我国南方和印度的江河湖海中能见到渔民们驯养的鸬鹚在帮助渔民们捕鱼。渔民们放出鸬鹚之前，先在鸬鹚的脖子上套上一个皮圈，这样，就可以防止鸬鹚将捕获的猎物吞下肚子。鸬鹚捕到鱼后跳到渔民的船上，在渔民的帮助下将嘴里的鱼吐出来。鸬鹚很贪食，一昼夜它要吃掉1.5千克重的鱼。一条35厘米长、半斤重的鱼它能一口吞下。

鸬鹚不仅是捕鱼的能手，古代还常常把它作为美满婚姻的象征。结伴的鸬鹚，从营巢孵卵到哺育幼雏，它们共同进行，和睦相处，相互体贴。大家熟悉的《诗经》中第一首诗有诗句："关关雎鸠，在河之洲。"有的学者认为诗中的"雎鸠"就是鸬鹚。当然不管雎鸠是不是鸬鹚，鸬鹚之间的亲密友好关系就可以代表美好的婚姻。

潜鸟

潜鸟是一种水鸟，其喙圆锥形而坚硬；翅小，尖形；前3趾之间具蹼；腿位于身体后部，因此步履蹒跚。其羽毛浓密，背部主要呈黑色或灰色，腹部白色。在繁殖期间，背部羽毛有白斑纹，但红喉潜鸟例外

↑ 潜鸟

（在夏季有一个红褐色喉斑，而在冬季背上具小白斑，而其他种潜鸟在冬季无之）。

潜鸟几乎全为水栖性，能在水下游很长距离，并能从水面下潜到60米深处。一般独栖或成对生活，但有些鸟种，尤其是黑喉潜鸟，则成群越冬或迁徙。潜鸟鸣声有特色，包括喉声和怪异的悲鸣声，因此在北美称为"笨鸟"。食物主要是鱼、甲壳类和昆虫。常在水边堆积植物做巢。每窝产卵2枚或3枚，卵有斑点，呈橄榄褐色。双亲分担孵卵工作。雏

鸟约在 30 天内孵出，其绒羽一干即随双亲进入水中。虽然潜鸟善于飞行，但除体型小的红喉潜鸟外，都需有宽阔的水面才能起飞。因而除红喉潜鸟外，仅分布于大湖。北美最多的潜鸟是普通潜鸟（即北方大潜鸟）；欧亚大陆的潜鸟是黄嘴潜鸟。红喉潜鸟和黑喉潜鸟实际上分布于极圈附近。黑喉潜鸟在北美洲的太平洋沿岸最多。

潜鸟的腿部粗壮、脚趾上有很大的脚蹼，十分擅长游泳和潜水，它们又长又尖的嘴巴，很适合捕食小鱼虾。在繁殖季节，潜鸟们在美洲和欧洲北部的森林和苔原地带居住。冬季来临之前，它们会迁徙到非洲南部和中美洲。黑喉潜鸟在北欧、亚洲和美国西部都较常见。这种潜鸟有黑色的喉部和浅灰色的头，体长可达 68 厘米，它潜水的时间能在 1 分钟以上。

潜鸟的食物非常广泛，包括鱼类、甲壳类和软体动物，甚至也有乌贼。它的巢通常都建造在小岛上或者是芦苇丛中的一块平地上。黑喉潜鸟能够用各种材料筑巢。在它们的巢中，你可以找到植物的根、树枝或羽毛。黑喉潜鸟一窝可以产下一到三枚卵。经过潜鸟夫妇 29 天到 30 天的孵化，小潜鸟就破壳出世了。当黑喉潜鸟父母外出觅食时，是小潜鸟最危险的时刻。在浓密的水生植物庇护下，雏鸟总是安静地伏在巢里，等待着父母回来。黑喉潜鸟父母也不敢离巢太远，生怕它们的孩子会遇到可怕的天敌。经过黑喉潜鸟父母 6 周的精心喂养和照料，小潜鸟就可以自己吃食了。再过 12 周，小潜鸟就能够飞行了。黑喉潜鸟是聪明的水下猎手。奇妙的体色帮助它能够轻易地靠近目标。黑颜色的头颈，以及带黑白花的背部，使它在水下与环境能有效地融合在一起。只有进入繁殖季节，它们腹部的羽毛才变成浅色。

军舰鸟

军舰鸟名字的由来要从它们的生活习性谈起。军舰鸟有对长而尖的翅膀,极善飞翔。当它两翼展开时,两个翼尖间的距离可达2.3米。白天,军舰鸟几乎总是在空中翱翔的。它们能在高空翻转盘旋,也能飞速地直线俯冲,高超的飞行本领着实令人惊叹。军舰鸟正是凭借这身绝技,在空中袭击那些叼着鱼的其他海鸟。它们常凶猛地冲向目标,使被攻击者吓得惊慌失措,丢下口中的鱼仓皇而逃。这时,军舰鸟马上急冲而下,凌空叼住正在下落的鱼,并马上吞吃下去。由于这种海鸟的掠夺习性,早期的博物学家就给它起名为护卫鸟。(因为护卫船是中世纪时海盗们使用的一种架有大炮的帆船。后来,人们干脆简称它们为军舰。军舰鸟的名字就这样叫开了。)

军舰鸟一般栖息在海岸边树林中,主要以食鱼、软体动物和水母为生。它白天常在海面上巡飞遨游,窥伺水中食物。一旦发现海面有鱼出现,就迅速从天而降,准确无误地抓获水中的猎物。有趣的是,军舰鸟时常懒得亲自动手捕捉食物,而是凭着高超的飞行技能,拦路抢劫其他海鸟的捕获物。如果它看到邻居红脚鲣鸟捕鱼归来时,便对它们发起突然空袭,迫使红脚鲣鸟放弃口中的鱼虾,然后急速俯冲,攫取下坠的鱼

↑ 军舰鸟

虾，占为己有。由于军舰鸟有"抢劫"行为，人们贬称它为"强盗鸟"。每年的二三月份是军舰鸟的繁殖季节。新婚的军舰鸟喜欢在海岛上选择一个僻静处建造新巢，雄鸟每天起早贪黑外出收集树枝；雌鸟则负责营巢任务。雌鸟每次产卵一二枚，产卵后即开始孵卵。雄鸟不但又忙于寻找食物，还要替换"妻子"孵卵20天左右。经过约45天的孵卵期，雏鸟终于破壳而出。它们全身裸露，细眼紧闭，仅能从父母嘴中啄取食物充饥。6个月后，小军舰鸟就能展翅扑飞，但还要靠父母喂养一段时间，等到1岁之后才能独自生活。

　　除雨燕外，军舰鸟可能是所有鸟类中最善于飞翔的种类，只有睡眠和孵卵时方停止飞行。成鸟因为无足够的羽毛油防水，故不爱降于水面；但其空中身手却无比地快与灵巧，可毫不费力地高翔，并常俯冲寻回飞行中受惊的鲣鸟或其他海鸟掉落的鱼，亦能低驰于水面攫鱼。

军舰鸟是鹈形目，军舰鸟科鸟类的统称。它是一种大型热带海鸟，全世界目前已知的有 5 种，主要生活在太平洋、印度洋的热带地区，我国的广东、福建沿海及西沙、南沙群岛也有分布。鹈形目军舰鸟科的 1 属，体长 75 ~ 112 厘米；翅长而强，翅展 176 ~ 230 厘米；嘴长而尖，端部弯成钩状；尾呈深叉状；体羽主要为黑褐色，喉囊红色；脚短弱，几乎无蹼；雌鸟一般大于雄鸟。分布于南太平洋、大西洋、印度洋。军舰鸟全身羽毛呈黑色，夹有蓝色和绿色光泽，喉囊、脚趾为鲜红色。雌鸟下颈、胸部为白色，羽毛缺少光泽。军舰鸟胸肌发达，善于飞翔，素有"飞行冠军"之称。他的两翅展开足有 2 ~ 5 米之长，捕食时的飞行时速可达 400 千米左右，是世界上飞行最快的鸟。它不但能飞达约 1200 米的高度，而且还能不停地飞往离巢穴 1600 多千米的地方，最远处可达 4000 千米左右。有人曾看见军舰鸟在 12 级的狂风中临危不惧，安全从空中飞行、降落。

军舰鸟也不是从不到陆地上生活，同时也是食腐鸟和一般的食肉鸟，经常捕捉小海龟和其他小鸟。

鹈鹕

　　鹈鹕，让人一眼就能认出它们的是嘴下面的那个大皮囊。鹈鹕的嘴长30多厘米，大皮囊是下嘴壳与皮肤相连接形成的，可以自由伸缩，是它们存储食物的地方。鹈鹕和鸬鹚一样也是捕鱼能手。它的身长150

↑　鹈鹕

厘米左右，全身长有密而短的羽毛，羽毛为桃红色或浅灰褐色。在它那短小的尾羽根部有个黄色的油脂腺，能够分泌大量的油脂，闲暇时它们经常用嘴在全身的羽毛上涂抹这种特殊的"化妆品"，使羽毛变得光滑柔软，游泳时滴水不沾。

鹈鹕在野外常成群生活，每天除了游泳外，大部分时间都是在岸上晒晒太阳或耐心地梳洗羽毛。鹈鹕的目光锐利，善于游水和飞翔。即使在高空飞翔时，漫游在水中的鱼儿也逃不过它们的眼睛。如果成群的鹈鹕发现鱼群，它们便会排成直线或半圆形进行包抄，把鱼群赶向河岸水浅的地方，这时张开大嘴，兔水前进，连鱼带水都成了它的猎物，再闭上嘴巴，收缩喉囊把水挤出来，鲜美的鱼儿便吞入腹中，美餐一顿。

鹈鹕的求爱和育雏方式特别有趣。鹈鹕常集大群繁殖。雄鹈鹕向雌鹈鹕求爱时，时而在空中跳着"8"字舞，时而蹲伏在占有的领地上，嘴巴上下相互撞击，发出急促的响声，脑袋以奇特的方式不停地摇晃，希望在众多的"候选对象"中得到雌性对自己的垂青。

每到了繁殖季节，鹈鹕便选择人迹罕至的树林，在一棵高大的树木下用树枝和杂草在上面筑成巢穴。鹈鹕通常每窝产3枚卵，卵为白色，大小如同鹅蛋。小鹈鹕的孵化和育雏任务，由父母共同承担。当小鹈鹕孵化出来后，鹈鹕父母将自己半消化的食物吐在巢穴里，供小鹈鹕食用。小鹈鹕再长大一点时，父母就将自己的大嘴张开，让小鹈鹕将脑袋伸入它们的喉囊中取食食物。有时小鹈鹕就站在父母的大嘴里吃食。

鹈鹕的种类不多。在全世界8种鹈鹕中，北美洲的白鹈鹕和褐鹈鹕是较典型的品种。另外还有眼镜鹈鹕、卷羽鹈鹕等。它们的捕食方式非常奇特。从山崖上起飞后，鹈鹕在距海面不远的空中向海里侦察。一旦发现猎物，鹈鹕就收拢宽大的翅膀，从15米高的空中像炮弹一样直射进水里抓捕猎物。巨大的击水声在几百米以外都能听得清清楚楚。鹈鹕是鸟类中体魄强壮的一族。成年的鹈鹕身体长约 1.7 米。展开的翅膀有 2 米多宽。它的翅膀强壮有力，能够把庞大的身躯轻易送上天空。鹈鹕是一种喜爱群居的鸟类。它们喜欢成群结队地活动。每当鹈鹕集体捕鱼的时候，在海面上人们可以看到鹈鹕此起彼伏地从空中跳水的壮观场面。鹈鹕有一张又长又大的嘴巴。嘴巴下面还有一个大大的喉囊。成年鹈鹕的嘴巴都能长到 40 厘米。巨大的嘴巴和喉囊使鹈鹕显得头重脚轻。当鹈鹕在地上走路的时候总是摇摇摆摆步履蹒跚，这是因为鹈鹕的大嘴很碍事。尤其是当它捕到猎物的时候，大嘴和喉囊里装满了海水，使它浮出水面的时候很困难。人们见到鹈鹕浮出水面的时候，总是尾巴先露出水面，然后才是身子和大嘴。而且，鹈鹕一定要把嘴中的海水吐出来，才能从水面起飞。

鹈鹕从水面起飞的时候，它先在水面快速地扇动翅膀，双脚在水中不断划水。在巨大的推力作用下，鹈鹕逐渐加速，然后，慢慢达到起飞的速度，脱离水面缓缓地飞上天空。有的时候，吃得太多，显得非常笨重，就不能顺利地起飞，只能浮在海面上了。

雪雁

　　雪雁是雁属中体形大，个体重的鸟类，羽毛洁白，翼角黑色，飞行时双翼拍打用力，振翅频率高。脖子较其他雁类略短长。腿位于身体的中心支点，行走自如。有扁平的喙，边缘锯齿状，有助于过滤食物。有

↑　雪雁

迁徙的习性，迁飞距离也较远。喜群居，飞行时成有序的队列，有一字形、人字形等。为一夫一妻制，雌雄共同参与雏鸟的养育。

雪雁身长 66 ～ 84 厘米，翼展 135 ～ 170 厘米，雄雁体重 2700 克，雌雁体重 2500 克。寿命 25 年。双性同形同色，体羽纯白，翼翅尖黑色，腿和嘴粉红色，嘴裂黑色。亚成体头顶、颈背及上体近灰。有蓝色型个体出现，其头及上颈白色，其余体羽多为黑色，肩部有蓝色斑块。虹膜褐色。雪雁身披洁白的羽毛，黑色的翼尖点缀其中，相映成趣，显示出瑰丽多姿。它们主要分布于北美地区，包括美国、加拿大、格陵兰、百慕大群岛、圣皮埃尔和密克隆群岛及墨西哥境内（北美与中美洲之间的过渡地带），欧亚大陆及非洲北部（包括整个欧洲、北回归线以北的非洲地区、阿拉伯半岛以及喜马拉雅山－横断山脉－岷山－秦岭－淮河以北的亚洲地区）。

雪雁以植物的嫩叶、嫩芽、草茎、果实、种子、水生植物的根、块茎、芦苇嫩芽和青草等植物性食物为食。冬季也常到农田觅食谷物、稻米和农作物幼苗。动物性食物主要为各类小型无脊椎动物。

雪雁繁殖在北极苔原地带，它们是高度成群繁殖的鸟类，常常成千上万只雁集中在一起营巢繁殖，不仅集群个体数量大，而且巢的密度也很高。但是雁群的结合较松散。雁对的形成通常在迁徙期间和到达繁殖地后才逐渐形成。雁对形成时有一系列模式化行为动作。雁对的结合较为牢固，一经成对，则基本以对为单位长年在一起生活，除非配偶死亡，一般不随繁殖年代重新组合。

雪雁通常 2 ～ 3 龄时性成熟。求偶和交配行为是彼此不断地用头浸水和鸣叫，尾竖直起来，两翅半张。然后雄雁爬到雌雁背上进行交配。繁殖期 6 ～ 7 月。营巢和产卵在整个种群中是相当同步的。通常营巢在离水域不远的、位置较低的苔原草地、河汛平原、湖泊、河流和水塘岸边以及盐碱水域和多岩石的苔原上。巢系用苔藓简单堆集而成，内放有少许枯草茎和绒羽。巢通常不高，四周有植物掩隐，不注意难于发现。

雪雁6月初开始产卵，一天一枚，每窝产卵3～6枚，一般4～5枚。卵呈黄白色。如果部分卵丢失或损坏，还会再产补偿性的卵。产第一枚卵后即开始抱窝。孵卵全由雌鸟承担。雄鸟在巢附近警戒和担任保卫巢的任务。雌鸟在孵卵期间，每天仅短暂的离巢觅食，特别是在孵卵后期，根本不离巢。恋巢甚烈。雌鸟离巢时，通常用枯草将巢盖住。孵化期22～25天。孵出后不久即能活动，并被雌雄亲鸟带到食物丰富又利于成鸟换羽的安全地方，大约经过40多天的幼鸟期生活，幼鸟即已具有飞翔能力。

而那些非繁殖雪雁则会远离繁殖群体及其所在小河、小溪，另寻一块更加安全的区域，在此换毛，进行迁徙前的准备工作。因为，鸟类的换羽大多是逐渐更替的，使换羽过程不致影响飞翔能力。但雁鸭类的雪雁的飞羽则为一次性全部脱落，在这个时期内完全丧失了飞翔能力，所以雪雁必须隐蔽于湖泊草丛之中，以防敌害的捕食。

Part3
涉禽

苍鹭

　　苍鹭是大型水边鸟类，头、颈、脚和嘴均甚长，因而身体显得细瘦。雄鸟头顶中央和颈白色；头顶两侧和枕部黑色；由4根细长的羽毛形成羽冠，分为两条位于头顶和枕部两侧，状若辫子，黑色；前颈中部有2～3列纵行黑斑；上体自背至尾上覆羽苍灰色；尾羽暗灰色；两肩有长尖而下垂的苍灰色羽毛，羽端分散，呈白色或近白色；初级飞羽、初级覆羽、外侧次级飞羽黑灰色，内侧次级飞羽灰色；大覆羽外翈浅灰色，内翈灰色；中覆羽、小覆羽浅灰色；三级飞羽暗灰色，亦具长尖而下垂的羽毛；颏、喉白色，颈的基部有呈披针形的灰白色长羽披散在胸前；胸、腹白色，前胸两侧各有一块大的紫黑色斑，沿胸、腹两侧向后延伸，在肛周处汇合；两胁微缀苍灰色，腋羽及翼下覆羽灰色；腿部羽毛白色。虹膜黄色，眼先裸露部分黄绿色，嘴黄色，跗跖和趾黄褐色或深棕色，爪黑色。幼鸟似成鸟，但头颈灰色较浓，背微缀有褐色。

　　下面我们从生活环境、习性、食性等几个方面来了解一下苍鹭。

　　生活环境：栖息于江河、溪流、湖泊、水塘、海岸等水域岸边及其浅水处，也见于沼泽、稻田、山地、森林和平原荒漠上的水边浅水处和沼泽地上。

↑ 苍鹭

习性：成对和成小群活动，迁徙期间和冬季集成大群，有时亦与白鹭混群。常常单独地涉水于水边浅水处，或长时间地在水边站立不动，颈常常曲缩于两肩之间，并常以一脚站立，另一脚缩于腹下，站立可达数小时之久而不动。飞行时两翼鼓动缓慢，颈缩成"Z"字形，两脚向后伸直，远远地拖于尾后。晚上多成群栖息于高大的树上休息。叫声粗而高，似"刮、刮"声。

食性：主要以小型鱼类、泥鳅、虾、喇蛄、蜻蜓幼虫、蜥蜴、蛙和昆虫等动物性食物为食。多在水边浅水处或沼泽地上，也在浅水湖泊和水塘中或水域附近陆地上觅食。觅食最为活跃的时间是清晨和傍晚，或是分散地沿水边浅水处边走边啄食，或是彼此拉开一定距离独自站在水边浅水中，一动不动长时间地站在那里等候过往鱼群，两眼紧盯着水面，一见鱼类或其他水生动物到来，立刻伸颈啄之，行动极为灵活敏捷。有时站在一个地方等候食物长达数小时之久，故有"长脖老等"之称。

繁殖：繁殖期4～6月。繁殖开始前雌雄亲鸟多成对或成小群活动在环境开阔，且有芦苇、水草或附近有树木的浅水水域和沼泽地上。营巢在水域附近的树上或芦苇与水草丛中。多成小群集中营群巢，有时一棵树上有巢数对至十多对。营巢由雌雄亲鸟共同进行，雄鸟负责运输巢材，雌鸟负责营巢。

在树上营巢者，巢材多用干树枝和枯草，在芦苇丛中营巢者，则多用枯芦苇茎和苇叶。通常是将芦苇弯折叠放在一起作为巢基，然后在上面规整地堆积一些干芦苇和枯草即成。巢呈圆柱状，大小为外径50～91厘米，内径32～50厘米，巢高23～41厘米，巢深1.3～2.4厘米。每个巢营造时间约1～2个星期。营巢结束后立即开始产卵。通常每隔1天产一枚卵，每窝产卵3～6枚，其中以5枚居多，产卵时间从5月初开始一直持续到6月末。

刚产出的卵颜色鲜艳，呈蓝绿色，以后逐渐变为天蓝色或苍白色，卵呈椭圆形，重51～69克。通常第一枚卵产出后即开始孵卵，由雌雄亲鸟共同承担，孵化期25左右天。雏鸟晚成性，刚孵出后除头、颈和背部有少许绒羽外，其他裸露而无羽，身体软弱不能站立，由雌雄亲鸟共同喂养，经过40天左右雏鸟才能飞翔和离巢，在亲鸟带领下在巢附近活动和觅食。

苍鹭是中国分布广和较为常见的涉禽，几乎全国各地水域和沼泽湿地都可见到，数量较普遍。近来由于沼泽的开发利用、苍鹭生境条件的恶化和丧失，种群数量明显减少，不像以往那么容易在野外见到。

"风漂公子"大白鹭

　　大白鹭，别名有白鹭鸶、鹭鸶、风漂公子、白漂鸟、冬庄、大白鹤、白鹤鹭、白庄、白洼、雪客等。它是人们常见的观赏鸟之一。

　　大白鹭每年繁殖期为4—7月。营巢于高大的树上或芦苇丛中，多集群营群巢，有时一棵树上同时有数对到数十对营巢，亦与苍鹭在一起营巢，由雌雄亲鸟共同进行。巢较简陋，通常由枯枝和干草构成，有时

↑　大白鹭

巢内垫有少许柔软的草叶。巢外径 56 ～ 61 厘米，内径 52 ～ 54 厘米，高 22 ～ 25 厘米，深 15 ～ 20 厘米。1 年繁殖 1 窝，每窝产卵 3 ～ 6 枚，多为 4 枚。卵为椭圆形或长椭圆形，天蓝色，重 29 ～ 31 克。

产出第一枚卵后即开始孵卵，由雌雄亲鸟共同承担，孵化期 25 ～ 26 天，雏鸟晚成性，雏鸟孵出后由雌雄亲鸟共同喂养，大约经过 1 个月的巢期生活后即可飞翔和离巢。

大白鹭栖息于开阔平原和山地丘陵地区的河流、湖泊、水田、海滨、河口及其沼泽地带。

大白鹭以直翅目、鞘翅目、双翅目昆虫、甲壳类、软体动物、水生昆虫以及小鱼、蛙、蝌蚪和蜥蜴等动物性食物为食。主要在水边浅水处涉水觅食，也常在水域附近草地上慢慢行走，边走边啄食。常呈单只或 10 余只的小群活动，有时在繁殖期间也见有多达 300 多只的大群。偶尔也见和其他鹭类混群活动。通常白天活动。多在开阔的水边和附近草地上活动。行动极为谨慎小心，遇人即飞走。刚飞行时两翅扇动较笨拙，脚悬垂于下，达到一定高度后，飞行则极为灵活，两脚亦向后伸直，远远超出于尾后，头缩到背上，颈向下突出成囊状，两翅鼓动缓慢。站立时头亦缩于背肩部，呈驼背状。步行时亦常缩着脖，缓慢地一步一步地前进。

大白鹭部分为夏候鸟，部分为旅鸟和冬候鸟。通常 3 月末到 1 月中旬迁到北部繁殖地，10 月初开始迁离繁殖地到南方越冬。迁徙时常呈小群或成家族群。

由于大白鹭的羽毛有很高的经济价值，加上白鹭喜欢群居，因此很容易被人大量捕捉，造成野生大白鹭数量锐减，几乎陷入灭绝的境地。

"骑在牛背上"的牛背鹭

　　牛背鹭，别名黄头鹭、畜鹭、放牛郎等。多分布于欧洲、亚洲、非洲等地。在中国南方因常啄取耕牛和其他牲畜体上的寄生虫，也吃地上害虫，故为益鸟。

　　牛背鹭成鸟夏羽大都为乳白色，头、颈橙黄，前颈基部着生橙黄色蓑羽，背上具一束桂皮红棕色蓑羽，向后延伸至尾羽末端，有时甚至更长。冬羽几呈橙黄色，长羽全部脱落，仅头顶留下少许。牛背鹭是目前世界上唯一不食鱼而以昆虫为主食的鹭类，其与家畜，尤其是水牛形成了依附关系，常跟随在家畜后捕食被家畜从水草中惊飞的昆虫，也常在牛背上歇息，因而得了个"牛背鹭"的名字。

　　牛背鹭，在鹭科中体形较小，属中型涉禽。身长48～53厘米，翼展90～96厘米，体重

↑　牛背鹭

300～400克，寿命15年。嘴厚，颈粗短，冬羽近全白，脚沾黄绿。繁殖期头、颈、背等变浅黄，嘴及脚沾红。雄性成鸟繁殖羽期头、颈、上胸及背部中央的蓑羽呈淡黄至橙黄色，体的余部纯白。冬羽几乎全白色。雌雄同色。幼鸟全身白色。虹膜金黄色，眼先裸部黄色，嘴峰皮黄色，跗跖及趾褐色，爪黑色。叫声：于巢区发出呱呱叫声，余时寂静无声。

牛背鹭栖息于平原草地、牧场、湖泊、水库、山脚平原和低山水田、池塘、旱田和沼泽地上。常成对或3～5只的小群活动，有时也单独活动或集成数十只的大群，休息时喜欢站在树梢上，颈缩成"S"形，常伴随牛活动，喜欢站在牛背上或跟随在耕田的牛后面啄食翻耕出来的昆虫和牛背上的寄生虫，性情活跃而温驯，不甚怕人，活动时寂静无声。飞行时头缩到背上，颈向下突出像一个喉囊，飞行高度较低，通常成直线飞行。

牛背鹭主要以蝗虫、蚂蚱、蟴螋、蟋蟀、蝼蛄、螽斯、牛蝇、金龟子、地老虎等昆虫为食，也食蜘蛛、黄鳝、蚂蟥和蛙等其他动物食物。

牛背鹭部分留鸟，部分迁徙。长江以南繁殖的种群多数为留鸟，长江以北多为夏候鸟。每年4月初到4月中旬迁到北方繁殖地，9月末10月初迁离繁殖地到南方越冬地。

牛背鹭在中国长江以南曾经是相当丰富和常见的，但近年来由于环境污染和环境条件的恶化，种群数量已明显减少，需要进行严格的保护。

白鹤

　　白鹤是大型涉禽，略小于丹顶鹤，全长约130厘米，翼展210～250厘米，体重7～10千克；头的前半部为红色裸皮，嘴和脚也呈红色；除初级飞羽为黑色之外，全体洁白色，站立时其黑色初级飞羽不易看见，仅飞翔时黑色翅端明显。白鹤在中国文化中也是长寿的象征。

　　白鹤对栖息地的要求很高。白鹤是最特化的鹤类，对浅水湿地的依

↑　白鹤

恋性很强。东部种群在俄罗斯的雅库特繁殖，不在北极苔原营巢，也不在近海河口低地和河流泛滩或高地营巢，而喜欢低地苔原，喜欢大面积的淡水和开阔的视野，其夏季主要营巢区约为8.2万平方千米，定期营巢范围不超过3万平方千米。在繁殖地为杂食性，包括植物的根、地下茎、芽、种子、浆果以及昆虫、鱼、蛙、鼠类等。当有雪覆盖、植物性食物难以得到时，主要以旅鼠和鼠平等动物为食；当5月中旬气温低于0℃时，白鹤主要吃蔓越橘，当湿地化冻后，它们吃芦苇块茎、蜻蜓稚虫和小鱼；在营巢季节主要吃植物，有藜芦的根、岩高兰的种子、木贼的芽和花蔺的根、茎等。在南迁途中，白鹤在内蒙古大兴安岭林区的苔原沼泽地觅食水麦冬、泽泻、黑三棱等植物的嫩根及青蛙、小鱼等。在越冬地鄱阳湖，主要挖掘水下泥中的苦草、马来眼子菜、野荸荠、水蓼等水生植物的地下茎和根为食，约占总食量的90%以上，其次也吃少量的蚌肉、小鱼、小螺和沙砾。

白鹤是单配制，5月下旬到达营巢地，此时苔原仍然冰雪覆盖，巢建在开阔沼泽的岸边，或周围水深20～60厘米有草的土墩上，巢简陋，巢材主要是苦草，巢呈扁平形，中央略凹陷，高出水面12～15厘米，巢间距10～20米，有时只有2～3米。产卵期常与冰雪融化期一致，从5月下旬到6月中旬，每窝产卵2枚，卵呈暗橄榄色，钝端有大小不等的深褐色斑点，雌雄鹤交替孵卵，但以雌鹤为主，孵化期约为27天，孵化率仅为1/3，多数雏鹤于6月最后5天至7月最前5天孵出，但只有1只幼鹤能活到可以飞翔，因为白鹤的幼鹤太容易被攻击，较弱的1只常在长出飞羽之前死亡，70～75日龄长出飞羽，90日龄能够飞翔。

丹顶鹤

丹顶鹤为传说中的仙鹤。它是生活在沼泽或浅水地带的一种大型涉禽，常被人冠以"湿地之神"的美称。

丹顶鹤是鹤类中的一种，因头顶有"红肉冠"而得名。它是东亚地区所特有的鸟种，因体态优雅、颜色分明，在这一地区的文化中具有吉祥、忠贞、长寿的寓意等。中国古籍文献中对丹顶鹤有许多称谓,如《尔雅篇》中称其为"仙

↑　丹顶鹤

禽"，《本草纲目》中称其为"胎禽"。

丹顶鹤具备鹤类的特征，即三长——嘴长、颈长、腿长。成鸟除颈部和飞羽后端为黑色外，全身洁白，头顶皮肤裸露，呈鲜红色。传说中的剧毒"鹤顶红"（也有成鹤顶血）正是此处，但纯属谣传。鹤血是没有毒的，古人所说的鹤顶红其实是指砒霜，即不纯的三氧化二砷。鹤顶红是古时候对砒霜隐晦的说法。丹顶鹤幼鸟体羽棕黄，喙黄色，身体羽

色黯淡，2岁后头顶裸区红色越发鲜艳。

丹顶鹤的栖息地多为开阔平原、沼泽、湖泊、海滩及近水滩涂。成对或结小群，迁徙时集大群，日行性，性机警，活动或休息时均有只鸟做哨兵。主要以浅水的鱼、虾、水生昆虫、软体动物、蝌蚪及水生植物的叶、茎、块根、球茎、果实等为食。以季节不同而有所变化。春季以草籽及作物种子为食。夏季食物较杂，动物性食物较多，主要动物性食物有小型鱼类、甲壳类、螺类、昆虫及其幼虫等，也食蛙类和小型鼠类，植物型食物有芦苇的嫩芽和野草种子等。入秋后，丹顶鹤从东北繁殖地迁飞南方越冬。只有在日本北海道是当地的留鸟，不进行迁徙，这可能与冬季当地人有组织地投喂食物，食物来源充足有关。迁徙时排成"一"字形或"V"字形。

丹顶鹤属于单配制鸟，若无特殊情况可维持一生。每年的繁殖期从3月开始，持续6个月，到9月结束。它们在浅水处或有水湿地上营巢，巢材多是芦苇等禾本科植物。丹顶鹤每年产一窝卵，产卵一般2～4枚。孵卵由雌雄鸟轮流进行，孵化期31～32天。雏鸟属早成雏。繁殖期求偶伴随舞蹈、鸣叫。2岁性成熟，寿命可达50～60年。待幼鸟学会飞行，入秋后，丹顶鹤从东北繁殖地迁飞南方越冬。

我国在丹顶鹤等鹤类的繁殖区和越冬区建立了扎龙、向海、盐城等一批自然保护区。在江苏省盐城自然保护区，越冬的丹顶鹤最多一年达600多只，成为世界上现知数量最多的越冬栖息地。

丹顶鹤由于体形大、颜色分明，很容易辨认。人们对丹顶鹤的知识很早就有了一定的积累。中国的地方志书对其有连续的记录，丹顶鹤很早就被人们所饲养，唐宋年间尤为盛行。现在许多地方都有饲养的丹顶鹤供观赏之用。

白鹳

白鹳又名东方白鹳、老鹳，是一种大型的涉禽，体态优美。长而粗壮的嘴十分坚硬，呈黑色，仅基部缀有淡紫色或深红色。身体上的羽毛主要为纯白色。翅膀宽而长，前颈的下部有呈披针形的长羽，

↑ 白鹳

在求偶炫耀的时候能竖直起来。在我国，分布于东北、河北、长江下游以至福建、广东及台湾。国外见于欧洲、非洲、中亚。是我国一级保护动物，也是德国的国鸟。

白鹳属于大型涉禽，是国家一级保护动物，在中国约有 2500～3000 只。常在沼泽、湿地、塘边涉水觅食，主要以小鱼、蛙、昆虫等为食。性宁静而机警，飞行或步行时举止缓慢，休息时常单足站立。3月份开始繁殖，筑巢于高大乔木或建筑物上，每窝产卵 3～5 枚，白色，雌雄

轮流孵卵，孵化期约 30 天。在东北中、北部繁殖；越冬于长江下游及以南地区。

白鹤在繁殖期主要栖息于开阔而偏僻的平原、草地和沼泽地带，特别是有稀疏树木生长的河流、湖泊、水塘，以及水渠岸边和沼泽地上，有时也栖息和活动在远离居民区，具有岸边树木的水稻田地带。冬季主要栖息在开阔的大型湖泊和沼泽地带。除了在繁殖期成对活动外，其他季节大多组成群体活动，特别是迁徙季节，常常聚集成数十只，甚至上百只的大群。觅食时常成对或成小群漫步在水边或草地与沼泽地上，步履轻盈矫健，边走边啄食。休息时常单腿或双腿站立于水边沙滩上或草地上，颈部缩成 S 形。有时也喜欢在栖息地的上空飞翔盘旋。在地面上起飞时需要首先要奔跑一段距离，并用力煽动两翅，待获得一定的上升力后才能飞起。飞翔时颈部向前伸直，腿、脚则伸到尾羽的后面，尾羽展开呈扇状，初级飞羽散开，上下交错，既能鼓翼飞翔，也能利用热气流在空中盘旋滑翔，姿态轻快而优美。它的性情机警而胆怯，常常避开人群。如果发现有入侵领地者，就会通过用上下嘴急速拍打，发出"嗒嗒嗒"的响声，并且伴随着颈部伸直向上，头仰向后，再伸向下，左右摆动，两翅半张和尾羽向上竖起，两脚不停地走动等动作，表现出一系列特有的恐吓行为。

在白鹤的全部食物中，鱼类占 79% ～ 90% 以上，所捕食的鱼类中最大的个体可达 0.5 千克以上，但随着季节的不同，取食的内容也有变化，在冬季和春季主要采食植物种子、叶、草根、苔藓和少量的鱼类；夏季的食物种类非常丰富，以鱼类为主，也吃蛙、鼠、蛇、蜥蜴、蜗牛、软体动物、节肢动物、甲壳动物、环节动物、昆虫和幼虫，以及雏鸟等其他动物性食物；秋季还捕食大量的蝗虫，此外平时也常吃一些沙砾和小石子来帮助消化食物。觅食主要在白天，以早晨6～7时和下午4～6时活动最为频繁，中午在树上休息或在领地的上空盘旋滑翔。繁殖期觅食活动的范围大约在500米，在食物缺乏时也常飞到1～2千米，甚至5～6千米以外的地方去觅食。春季和夏季大多单独或成对觅食，秋季和冬季则大多组成小群觅食。在地面上寻觅食物主要依靠视觉，常常伸长颈部，低垂着头，一边大步而缓慢地在地面上行走，一边四处寻觅，发现食物后急速向前，迅猛地进行啄食。在水中觅食则主要通过触觉，通常单独漫步在水边的浅水处，有时也进到齐腹深的水中，一边缓慢地向前行走，一边不时地将半张着的嘴插入水中，每分钟将嘴插入水中的次数一般都在17次以上，平均每5分钟就能捕获到1～1.5个食物，捕食的成功率可达65.5%。

白鹳性温和而警觉，飞行缓慢，常在高空中翱翔。休息时常以一足站立。受惊时常弹嘴，发出"哒哒"声。

白鹳的嗓子喑哑，雄鸟在求婚时，就用上下喙当做响板，发出响亮的"哒哒"声，表示对雌鸟的欢迎，声音能够传到250米以外。远处的雌鸟闻声赶来，马上落进巢里并以唧啾之声表示喜悦。然后，双双竖尾展翅，鞠躬旋舞，相互啄喙，表达爱意。

夏季繁殖，在大树高处以枝丫、茅草等营巢，每窝产卵3～5枚，白色。6月开始繁殖，营巢于树上。每窝产3～5枚白色卵。卵为圆形乳白色，重150克，雌雄白鹳共同产卵，但以雌鸟为主，卵孵化期32天左右。

火烈鸟

火烈鸟是鹳形目红鹳科红鹳属的一种，又名大红鹳、红鹤。火烈鸟是处在濒危状态的一种大型涉禽，分布于地中海沿岸，东达印度西北部，南抵非洲，亦见于西印度群岛。体型大小似鹳；嘴短而厚，上嘴中部突向下曲，下嘴较大成槽状；颈长而曲；脚极长而裸出，向前的 3 趾间有蹼，后趾短小不着地；翅大小适中；尾短；体羽白而带玫瑰色，飞羽黑，覆羽深红，诸色相衬，非常艳丽。

火烈鸟与普通动物通过伪装的方式来逃避天敌不同，大火烈鸟羽毛鲜艳的颜色似乎非常引人注目，特别是一大群大火烈鸟一起飞翔时，其场景蔚为壮观，非常显眼。因此，大火烈鸟事实上是一种很容易被攻击的动物。这种鲜艳的红色并非是一种伪装，而是与这种鸟类所摄取的食物有很大的关系。

它的体形长得也很奇特，身体纤细，头部很小。镰刀形的嘴细长弯曲向下，前端为黑色，中间为淡红色，基部为黄色。黄色的眼睛很小，与庞大的身躯相比，显得很不协调。细长的颈部弯曲呈"S"形，双翼展开达 160 厘米以上，尾羽却很短。此外，它还有一双又细又长的红腿，脚上向前的 3 个趾间具红色的全蹼，后趾则较小而平置。整体形态显得

↑ 火烈鸟

高雅而端庄，无论是亭亭玉立之时，还是徐徐踱步之际，总给人以文静轻盈的感觉。

　　大火烈鸟一般以贝类为食，其中含有大量色素，比如类胡萝卜素。对于各种贝壳类、软体类动物或者蠕虫来说，类胡萝卜素与它们体内的蛋白质合成有着非常重要的联系。此外，一只大火烈鸟每天还要吃掉大量的螺旋藻，而螺旋藻中除含有大量蛋白质外，还含有一种特殊的叶红素。当大火烈鸟吞食这些食物后，这些色素就存于鸟的体内，特别是在羽毛中积存起来，这就是为什么大火烈鸟的羽毛如火焰般鲜红的原因。于是，有人戏称大火烈鸟为"好色之徒"。当大火烈鸟进行周期性换羽，而体内色素沉积程度还不够时，它新长出的羽毛就是白色的。

火烈鸟的分类问题是鸟类学的一个著名难题，困惑了几代鸟类学家。简单来说，在分类学家眼中火烈鸟似乎是一个由一部分鹳的结构和一部分鸭子的结构拼接而成的怪物，所以主张把火烈鸟划为鹳形目的分类学家和划为雁形目的分类学家都能找到自己的依据。比如说火烈鸟的骨盆结构和肋骨构造和鹳类类似，火烈鸟的卵白蛋白质跟鹭类接近。火烈鸟，尤其是幼雏的行为跟雁形目非常像。

火烈鸟成鸟长蹼，而且羽毛防水，这都跟雁形目相同。此外连叫声两者都像！作为折中的分类方案把火烈鸟提升到目的层次，单立火烈鸟目。而分子生物学家通过 DNA 杂交实验研究发现，跟火烈鸟的 DNA 最接近的鸟类却是一类小型鸟类鸻形目。

火烈鸟喜欢群居。在非洲的小火烈鸟群是当今世界上最大的鸟群。火烈鸟严格讲不是候鸟。只在食物短缺和环境突变的时候迁徙。迁徙一般在晚上进行，在白天时则以很高的飞行高度飞行，目的都在于避开猛禽类的袭击。迁徙中的火烈鸟每晚可以50～60千米的时速飞行600千米。

大火烈鸟的分布范围很广，包括亚洲、欧洲、非洲和美洲的很多地方，共分化为两个亚种。指名亚种又叫茜红鹤、加勒比火烈鸟等，分布于北美洲南部、中美洲和南美洲；另一亚种又叫玫瑰色火烈鸟，分布于欧洲南部、亚洲中部和西部，以及非洲等地。非洲的纳古鲁湖被称为"大火烈鸟的天堂"。每天，湖水之上，总是浮动着一条条红色的彩练，如落英逐逝水，似朝霞映碧池，给雄险的大裂谷平添了几分优柔妩媚的韵致。织成这美丽彩练的，就是大火烈鸟。它们身披白中透红的粉红色羽衣，两条长腿悠然挺立，红的色调更深一层。远远望去，周身红得就像一团烈火，两腿则红得就像炽燃的两根火柱。

火烈鸟羽衣的粉红色有深有浅，显得斑斓绚丽；双腿修长倒映水中，好像把火引烧到湖底；两翅不时轻舒慢抖，在湖面掀起道道红色的涟漪。而一旦成千上万只大火烈鸟积聚在一起，一池湖水就顿时被映照得通体红透，成为一片烈焰蒸腾的火海。纳古鲁湖的大火烈鸟群，历来被称为"世界上火光永不熄灭的一大奇观"。

火烈鸟的羽毛一拔下，羽毛就会莫名其妙地变成白色，是因为羽毛离体就与体内色素分离。大火烈鸟经常在湖的浅水区活动，在岸畔信步徜徉，交颈嬉戏。一时兴起，扑棱棱双翅舒展，长颈猛摇，列成严整的方阵，翩然起舞。每当此时，湖光鸟影，交相辉映，犹如万树桃花在水中漂游。而一旦兴尽，嘎啦啦一声长鸣，倏然腾空，排成整齐的队伍，绕着湖边翻飞。一湖桃花遂化为一片彩霞，直烧冲天。这一奇幻的景色，被誉为"世界禽鸟王国中的绝景"。

Part4

猛禽

金雕

　　金雕是北半球地区一种广为人知的猛禽。如所有的鹰一样，它属于鹰科。金雕以其突出的外观和敏捷有力的飞行而著名；成鸟的翼展平均超过 2 米，体长则可达 1 米，其腿爪上全部有羽毛覆盖着。一般

↑　金雕

生活于多山或丘陵地区，特别是山谷的峭壁以及筑巢于山壁凸出处。

　　金雕俗称为鹫雕、金鹫、黑翅雕、洁白雕等，是一种性情最凶猛、体态最雄伟的猛禽。它的虹膜为栗褐色，嘴的端部为黑色，基部为蓝褐色或蓝灰色，蜡膜和趾为黄色，爪呈黑色。上体为棕褐色，在后头、枕和后颈等部位都有很尖锐的金黄色羽毛，呈披针状，与其他雕类明显不同；下体为黑褐色；灰褐色的尾羽长而圆，具有黑色横斑和端斑，尾羽的根部以及双翼的下面具有白斑，在空中翱翔时非常明显。

金雕素以勇猛威武著称。古代巴比伦王国和罗马帝国都曾以金雕作为王权的象征。在我国忽必烈时代，强悍的蒙古猎人盛行驯养金雕捕狼。时至今日，金雕还成了科学家的助手，它们被驯养后用于捕捉狼崽，对深入研究狼的生态习性起过不小的作用。当然，在放飞前要套住它们的利爪，不至于把狼崽抓死。据说，有只金雕曾捕获 14 只狼，它的凶悍程度可见一斑。

金雕多栖息于高山草原和针叶林地区，平原少见。性凶猛而力强，捕食鸠、鸽、雉、鹑、野兔，甚至幼麝等。繁殖期在 2—3 月间，多营巢于难以攀登的悬崖峭壁的大树上，每窝产卵 1～2 枚，青白色，带有大小不等的深赤褐色斑纹。孵卵期 44～45 天，育雏时雌雄共同参加，雏鸟 77～80 天离巢。

金雕飞行速度极快，常沿着直线或圈状滑翔于高空。营巢于难以攀登的悬崖上，营巢材料主要以垫状植物的根枝堆积而成，内铺以草、毛皮、羽绒等。金雕主要捕食大型的鸟类和中小型兽类，所食鸟类有赤麻鸭、斑头雁、鱼鸥、雪鸡，兽类有岩羊幼仔、藏原羚、鼠兔、兔、黄鼬、藏狐等，有时也捕食家畜和家禽。金雕是珍贵猛禽，在高寒草原生态系统中具有十分重要的位置。数量稀少，而且因其羽毛在国际市场价格昂贵，特别需要保护。成鸟的体长为 76～103 厘米，翼展达 230 多厘米，体重 2～6.5 千克。金雕的腿上全部被有羽毛，脚是三趾向前，一趾朝后，趾上都长着锐如狮虎的又粗又长的角质利爪，内趾和后趾上的爪更为锐利。抓获猎物时，它的爪能够像利刃一样同时刺进猎物的要害部位，撕裂皮肉，扯破血管，甚至扭断猎物的脖子。巨大的翅膀也是它的有力武器之一，有时一翅扇将过去，就可以将猎物击倒在地。

它们通常单独或成对活动，冬天有时会结成较小的群体，但偶尔也能见到 20 只左右的大群聚集一起捕捉较大的猎物。白天常见在高山岩石峭壁之巅，以及空旷地区的高大树上歇息，或在荒山坡、墓地、灌丛等处捕食。它善于翱翔和滑翔，常在高空中一边呈直线或圆圈状盘旋，一边俯视地面寻找猎物，两翅上举呈"V"状，用柔软而灵活的两翼和尾的变化来调节飞行的方向、高度、速度和飞行姿势。发现目标后，常以速度为每小时 300 千米的迅雷不及掩耳之势从天而降，并在最后一刹那戛然止住扇动的翅膀，然后牢牢地抓住猎物的头部，将利爪戳进猎物的头骨，使其立即丧失性命。它捕食的猎物有数十种之多，如雁鸭类、雉鸡类、松鼠、狍子、鹿、山羊、狐狸、旱獭、野兔等等，有时也吃鼠类等小型兽类。经过训练的金雕，可以在草原上长距离地追逐狼，等狼疲惫不堪时，一爪抓住其脖颈，一爪抓住其眼睛，使狼丧失反抗的能力。相比之下，它的运载能力较差，负重能力还不到 1 千克。在捕到较大的猎物时，就在地面上将其肢解，先吃掉好肉和心、肝、肺等内脏部分，然后再将剩下的分成两半，分批带回栖宿的地方。

哈萨克人训练金雕除了狩猎，最大的一个用处还要看护羊圈。它们驱赶野狼在新疆哈萨克人的草原上是司空见惯的。在看护养圈的时候，周围是没有牧人的！

在全世界的动物园里，没有人工繁殖过一只金雕，因为这种鸟最向往自由与爱情，它们不屑于人工凑合，甚至在动物园里以撞笼而死相抗。

金雕是一种留鸟，分布较广，遍及欧亚大陆、北美洲和非洲北部等地。在我国的分布范围也很大，包括东北、华北、西北、西南，以及东南的局部地区。金雕全世界共分化为 5 个亚种，我国有 2 个亚种，其中加拿大亚种分布于内蒙古东北部、黑龙江、吉林、辽宁等地，分布于其他地区的都属于中亚亚种，其中也可能有一些是旅鸟或冬候鸟。

秃鹫

秃鹫体形大，全长约110厘米，体重7～11千克，是高原上体格最大的猛禽，它张开两只翅膀后整个身体大约有2米长，0.6米宽。成年秃鹫头部为褐色绒羽，后头羽色稍淡，颈裸出，呈铅蓝色，皱领白褐色。上体暗褐色，翼上覆羽亦为暗褐色，初级飞羽黑色，尾羽黑褐色。下体暗褐色，胸前具绒羽，两侧具矛状长羽，胸、腹具淡色纵纹，尾下覆衬白色，覆腿黑褐色。秃鹫虹膜褐色，嘴端黑褐色，腊膜铝蓝色，跗跖和趾灰色，爪黑色。由于食尸的需要，它那带钩的嘴变得十分厉害，可以轻而易举地啄破和撕开坚韧的牛皮，拖出沉重的内脏；裸露的头能非常方便地伸进尸体的腹腔；秃鹫脖子的基部长了一圈比较长的羽毛，像人的餐巾一样，可以防止食尸时弄脏身上的羽毛。

↑ 秃鹫

秃鹫形态特殊，可供观赏，其羽毛有较高经济价值。在牧区，秃鹫受到民间保护，但20世纪90年代以来常有人捕杀制作标本，作为一种畸形的时尚装饰，加上秃鹫本身繁殖能力较低，使本种群受到了一定破坏。

体型硕大的深褐色鹫，具松软翎颌，颈部灰蓝。幼鸟脸部近黑，嘴黑，蜡膜粉红；成鸟头裸出，皮黄色，喉及眼下部分黑色，嘴角质色，蜡膜浅蓝。幼鸟头后常具松软的簇羽，飞行时更易与深色的Aquila属的雕类相混淆。两翼长而宽，具平行的翼缘，后缘明显内凹，翼尖的7枚飞羽散开呈深叉形。尾短呈楔形，头及嘴甚强劲有力。

秃鹫栖息范围较广，在海拔2000～5000多米的高山、草原均有分布，栖息于高山裸岩上，筑巢于高大乔木上，以树枝为材，内铺小枝和兽毛等。多单独活动，有时结3～5只小群，最大群可达十多只，飞翔时，两翅伸成一直线，翅很少鼓动，而是可以利用气流长时间翱翔于空中，当发现地面上的尸体时，飞至附近取食，食物主要是大型动物和其他腐烂动物的尸体，被称为"草原上的清洁工"，也捕食一些中小型兽类。

秃鹫吃的大多是哺乳动物的尸体。哺乳动物在平原或草地上休息时，通常都聚集在一起。秃鹫掌握这一规律以后，就特别注意孤零零地躺在地上的动物。一旦发现目标，它便仔细观察对方的动静。如果对方纹丝不动，它就继续在空中盘旋察看。这种观察的时间很长，至少要两天左右。在这段时间里，假如动物仍然一动也不动，它就飞得低一点，从近距离察看对方的腹部是否有起伏，眼睛是否在转动。倘若还是一点动静也没有，秃鹫便开始降落到尸体附近，悄无声息地向对方走去。这时候，它犹豫不决，既迫不及待想动手，又怕上当受骗遭暗算。它张开嘴巴，伸长脖子，展开双翅随时准备起飞。秃鹫又走近了一些，它发出"咕喔"声，见对方毫无反应，就用嘴啄一下尸体，马上又跳了开去。这时，它再一次察看尸体。如果对方仍然没有动静，秃鹫便放下心来，一下子扑到尸体上狼吞虎咽起来。

有时候，秃鹫飞得很高，未必能发现地面上的动物尸体。其他食尸动物如乌鸦、豺和鬣狗等的活动，就可以为这种猛禽提供目标。如果发现它们正在撕食尸体，秃鹫会降低飞行高度，做进一步的侦察。假如确实发现了食物，它会迅速降落。这时，周围几十千米外的秃鹫也会接踵而来，以每小时 100 千米以上的速度，冲向这美味佳肴。

秃鹫在争食时，身体的颜色会发生一些有趣的变化。平时它的面部是暗褐色的，脖子是铅蓝色的。当它正在啄食动物尸体的时候，面部和脖子就会出现鲜艳的红色。这是在警告其他秃鹫：赶快跑开，千万不要靠拢。一只身强力壮的秃鹫气势汹汹地跑来争食了，它招架不住，无可奈何地败下阵来，离开了原来的位置，这时，它的面部和脖子马上从红色变成了在白色。胜利者趾高气扬地夺得了食物，它的面部和脖子也变得红艳如火了；失败者开始平静下来了，它逐渐恢复了原来的体色。根据这些体色的变化，人们便可以知道秃鹫体力的强弱了。

在猛禽中，秃鹫的飞翔能力是比较弱的，好在它找到了一种节省能量的飞行方式——滑翔。这些大翅膀的鸟儿，在荒山野岭的上空悠闲地漫游着，用它们特有的感觉，捕捉着肉眼看不见的上升暖气流。它们依靠上升暖气流，舒舒服服地继续升高，以便向更远的地方飞去。

猴子的天敌猛禽

一些猛禽中的强有力者，往往是森林里聪明伶俐的猴子的天敌。这些食猴的猛禽中最著名的要数南美洲的角雕、非洲的冕鹰雕和东南亚的食猴雕了。

大亚马孙河流域的热带丛林里栖息着世界上最大、最强有力的一种角雕，体长约 1 米，重 9 千克的角雕长着一对短而宽的翅膀，长长的尾巴，头顶耸立两个黑色羽冠，仿佛哺乳动物长的角那样。嘴短而有力，足趾大得出奇。它常常在丛林间做短距离飞行，洞察林中动静，一旦发现猴子、负鼠、浣熊，以及隐蔽在树丛中的树獭，就会白天而降，来个突然袭击。猴子虽然行动敏捷，攀缘自如，东跳西荡能巧妙躲避地面猛兽的捕捉，却难逃脱来自天空的凶神的魔爪。角雕繁殖力很低，每年产 1 枚蛋，又是出没于密林中，显得特别珍贵而罕见。

非洲的冕鹰雕也是大型猛禽，体长约 85 厘米，重约 4 千克。它在树上营建一个十分粗糙简单的巢，巢用树枝搭成，造得很大。这种巢搭建以后，每年只是添加些枝条、草叶，一直要用上好多年。遇到敌害接近巢区，冕鹰雕往往用恐吓炫耀来吓退入侵者，或者来一个勇猛的进击，如果不加戒备，往往会被抓伤。

↑　食猴雕

在菲律宾南部密林里生活的食猴雕，是鹰类中的大鹰，它长 0.94 米，两翅展开时长达 3 米。

食猴雕的羽色大部呈浅黄，上半身为深褐色，下半身浅黄和白色相间。全身羽毛丰满，当它遇到敌害或猎物的时候，立即竖起羽毛，显得十分威武凶猛，会迅速地发动进攻。

食猴雕的眼睛很敏锐，圆圆的眼睛是蓝色的，眼圈为红褐色，上嘴倒钩，十分尖利。食猴雕，顾名思义，猴子是它主要的捕猎物。当它在低空盘旋的时候，发现猕猴等踪迹以后，就闪电般地俯冲而下，先将猴子的眼睛啄瞎，机灵的小猴子纵然是善跳会爬，这时候也就没法逃遁了。

食猴雕不仅靠吃猴子生存，它们还吃其他动物，如野兔和狗。

食猴雕每年只产一次蛋，每次 1 枚，蛋比鹅蛋稍大，呈白色，繁殖率却很低。加上滥加捕捉，目前食猴雕越来越少，濒临绝灭的厄运。

食猴雕寿命之长是禽类中少见的。可是，动物园中饲养的食猴雕很难繁殖。最近十多年来，马尼拉动物园中仅存的几只食猴雕相继死去 2 只，而在棉兰老岛的森林里栖息着的食猴雕，据动物学家估计，总数大约为 20 只，在吕宋岛偶然也能见到这种鸟儿。

菲律宾政府宣布，在吕宋和棉兰老岛划定一些林区作为食猴雕的自然保护区。

长寿的安地斯神鹰

　　安地斯神鹰又名康多兀鹫、安地斯秃鹰、南美神鹰、安地斯神鹫，是南美洲的一种新大陆秃鹫。它们分布在安第斯山脉及南美洲西部邻近的太平洋海岸，是西半球最大的飞行鸟类。安地斯神鹰是黑色的秃鹰，颈部底环绕有一圈白色羽毛，两翼上有很大的白斑，雄鹰则更为显眼。头部及颈部接近没有羽毛，呈暗红色，会因情绪而变色。雄鹰头上有一个暗红色的肉冠。不像其他猛禽，安地斯神鹰的雄鹰体型较雌鹰大。

　　安地斯神鹰主要是吃腐肉的，喜欢如鹿或欧洲牛等大型动物的尸体。它们 5～6 岁就达至性成熟，栖息在海拔 3000～5000 米的岩壁。每次会生 1 到 2 枚蛋。它们是世界上最长寿的鸟类，可以活到 50 岁。安地斯神鹰是阿根廷、玻利维亚、智利、哥伦比亚、厄瓜多尔及秘鲁的国家象征，且经常出现在南美洲的传说及神话中。

　　虽然安地斯神鹰平均较加州神鹫短 5 厘米，但它们的翼长较阔，可以达 2.7～3.1 米。它们也较为重，雄鹰达 11～15 千克，雌鹰重 7.5～11 千克。整体长度介乎 117～135 厘米。大部分的数据都是来自饲养的安地斯神鹰。

　　安地斯神鹰的羽毛是黑色的，有白色羽毛围绕颈部底。它们在翼上有白色斑纹，在雄鹰上尤为显眼，但要第一次换羽后才会出现。头部及颈部都是红色至暗红色的，只有很少羽毛。它们会很小心地保持头部及颈部的清洁，而秃头也是一种卫生的适应性，可以让紫外线照射及脱水来帮助皮肤消毒。它们的头顶扁平，雄鹰有一个暗红色的肉冠。它们头部及颈部的肤色会随着情绪而有所变化，可以作为沟通的工具。雏鹰一般呈灰褐色，头及颈都是黑色的，有褐色的环状领。

安地斯神鹰的中趾很长，后趾则发育不全，所有趾上的爪都相对较直及钝。所以它们的脚很适合行走，很少会用爪来作为武器或抓住东西。它们的喙弯曲，可以撕开腐肉。雄鹰的瞳孔是褐色的，而雌鹰的则是深红色的。眼皮没有眼睫毛。

安地斯神鹰飞行时会在空中盘旋，姿势优美。它们会水平张开双翼，

↑　安地斯神鹰

初级飞羽末端会向上。它们没有支撑大型肌肉的胸骨，由此可以看出它们主要是以滑翔的方式飞行。它们会在地上拍动双翼，上升至一定高度时，拍动的次数变得很少，只依赖气流来保持高度。达尔文（Charles Darwin）观察了它们飞行 1.5 小时，仍不见它们拍动一次双翼。它们喜欢栖息在高处，可以减少大力拍动双翼的次数。它们有时也会在岩壁滑翔，借助气流之力上升。

安地斯神鹰就像其他的新大陆秃鹫般，会排便到脚上来帮助降温。故此，它们的脚上很多时都留有一层白色的尿酸。

安地斯神鹰是食腐动物，主要吃腐肉。野生的安地斯神鹰栖息在大片土地，一日会飞行超过 200 千米来觅食。在内陆地区，它们喜欢吃大型的尸体；而在近岸地区，它们则喜欢吃水生哺乳动物的尸体。它们也会袭击细小鸟类的巢穴，偷鸟蛋吃。沿岸地区的食物供应较为充足，有时安地斯神鹰甚至自我限制其觅食地区在岸边几千米内。它们是靠视觉或跟踪其他食腐动物来寻找尸体的。它们有可能会跟踪美洲鹫属的红头美洲鹫、小黄头美洲鹫及大黄头美洲鹫觅食，因为这些美洲鹫属可以靠嗅觉来侦测尸体腐化初期发出的乙硫醇。细小的美洲鹫属有时在撕开大型动物尸体时感到困难，需要靠较大型的安地斯神鹰来协助，这也是一种共生的例子。安地斯神鹰只会间歇性觅食，甚至几日也不进食；一旦进食就会一次吃几磅腐肉，有时甚至飞不起来。由于它们的脚爪并不适合抓住东西，它们只能在地上才可以进食。它们在生态系统上可以帮助清除腐肉，防止疾病的爆发。

安地斯神鹰到了 5～6 岁就达至性成熟。它们的寿命可以达 50 岁或更长，终生也会交配。在求爱时，雄鹰的颈部会由暗红色变为鲜黄色，并且会张开。它们会伸出颈来接近雌鹰，显示它们的颈部及胸部，并且发出嘶嘶声，接着会张开双翼，直立及摆动其舌头。它们也会一边跳一边叫或跳舞来示爱。它们喜欢在海拔 3000 ～ 5000 米的地方筑巢及繁殖。它们的巢是由树枝组成，放置在岩壁上。在如秘鲁这些较少岩壁的地方，它们会在石缝间筑巢。它们于每两年的 2 月及 3 月间会生 1 ～ 2 枚蛋，蛋呈蓝白色，重 280 克，长 75 ～ 100 毫米。孵化期为 54 ～ 58 日，雄鹰及雌鹰会一同孵化。若雏鹰或蛋失踪，它们会再生一只蛋来取代原有的。故此，一些研究人员尝试以此来增加它们的繁殖率。

雏鹰是灰色的，差不多与父母一样大小。它们出生后 6 个月就可以飞行，但仍会与父母同住及觅食直至 2 岁。健康的成年安地斯神鹰并没有天敌，但大型猛禽及哺乳类掠食者可能会掠食鸟蛋或雏鹰。安地斯神鹰群族有很好的社会结构，会以身体语言、竞争行为及发声来决定啄食腐肉的次序。

安地斯神鹰分布在南美洲的安第斯山脉。北至委内瑞拉及哥伦比亚，但数量十分稀少，分布沿安第斯山脉南至厄瓜多尔、秘鲁及智利，经玻利维亚及阿根廷西部至火地群岛。于 19 世纪初，它们分布在委内瑞拉，分布沿整个安第斯山脉至火地群岛，但其分布地已因人类活动而大大减少。它们主要栖息在辽阔的草原及高达海拔 5000 米的山区，喜欢开阔及没有森林的地区，如岩石区或山区等，方便在空中寻找尸体。它们有时也会在玻利维亚东部及巴西西南部的低地、智利及秘鲁的沙漠地区及巴塔哥尼亚的假山毛榉属森林出没。

猫头鹰

猫头鹰眼周的羽毛呈辐射状，细羽的排列形成脸盘，面形似猫，因此得名为猫头鹰。周身羽毛大多为褐色，散缀细斑，稠密而松软，飞行时无声。猫头鹰的雌鸟体形一般较雄鸟为大。头大而宽，嘴短，侧扁而强壮，先端钩曲，嘴基被有蜡膜，且多被硬羽所掩盖。它们还有一个转动灵活的脖子，使脸能转向后方，由于特殊的颈椎结

↑ 猫头鹰

构，头的活动范围为 270 度。左右耳不对称，左耳道明显比右耳道宽阔，且左耳有发达的耳鼓。大部分还生有一簇耳羽，形成像人一样的耳廓。听觉神经很发达。一个体重只有 300 克的仓鸮约有 9.5 万个听觉神经细胞，而体重 600 克左右的乌鸦却只有 2.7 万个此类细胞。

猫头鹰大多栖息于树上，部分种类栖息于岩石间和草地上。

猫头鹰绝大多数是夜行性动物，昼伏夜出，白天隐匿于树丛岩穴或屋檐中不易见到，但也有部分种类如斑头鸺鹠、纵纹腹小鸮和雕鸮等白

天亦不安寂寞，常外出活动；一贯夜行的种类，一旦在白天活动，常飞行颠簸不定，有如醉酒。

猫头鹰食物以鼠类为主，也吃昆虫、小鸟、蜥蜴、鱼等动物。它们都有吐"食丸"的习性，其嗉囊具有消化能力，食物常常整吞下去，并将食物中不能消化的骨骼、羽毛、毛发、几丁质等残物渣滓集成块状，形成小团经过食道和口腔吐出，叫食丸。科学家可以根据对食丸的分析，了解它们的食性。

猫头鹰一旦判断出猎物的方位，便迅速出击。猫头鹰的羽毛非常柔软，翅膀羽毛上有天鹅绒般密生的羽绒，因而猫头鹰飞行时产生的声波频率小于 1 千赫，而一般哺乳动物的耳朵是感觉不到那么低的频率的。这样无声的出击使猫头鹰的进攻更有"闪电战"的效果。据研究，猫头鹰在扑击猎物时，它的听觉仍起定位作用。它能根据猎物移动时产生的响动，不断调整扑击方向，最后出爪，一举奏效。猫头鹰是色盲，也是唯一能分辨蓝色的鸟类，除了某些过惯了夜生活的鸟类，如猫头鹰等，因为视网膜中没有锥状细胞，无法认色彩以外，许多飞禽都有色彩的感觉。乌鸦在高空飞行需要找到降落的地方，颜色会帮助它们判断距离和形状，它们就能够抓住在空中飞的虫子，在树枝上轻轻降落。鸟类的辨色能力也有利于它们寻找配偶。试想，雄鸟常用艳丽的羽毛吸引异性，如果它们感受不到颜色，那雄鸟还有什么魅力呢？

猫头鹰寿命不长，如仓鸮寿命仅 16 个月，只有少数鸟类能够达到 9 年。西方童话中,猫头鹰常以最聪明的角色出现,是因为猫头鹰头脑聪明。

猫头鹰是现存鸟类种在全世界分布最广的鸟类之一。除了北极地区以外,世界各地都可以见到猫头鹰的踪影。我国常见的种类有雕鸮、鸺鹠、长耳鸮和短耳鸮。

姬鸮

姬鸮是墨西哥和美国西南部美洲沙漠地区的一种小型猛禽，体长12.7～14.6厘米，大小如麻雀，是世界上最小的鸮。头圆形较大，眼大，黑色并具有黄色的眼圈。姬鸮整体颜色是褐色（胸口、侧面和腹部）。在头和后背布有很多橘色斑纹。白色眼眉，在主要是橘黄色的面盘部有一些白色斑点。有很短的羽冠，在初级和次级飞羽及鸟体的后侧有一些有白色斑点，边缘有桔棕色条纹。鸟喙铁灰色并淡黄的喙基，虹膜黄色。尾巴具橙色和棕色条纹。

↑ 姬鸮

姬鸮是生长在仙人掌的沙漠中最常见的鸟类之一，在大约海拔6000英尺的地区，如森林地区、干旱草原和潮湿的稀树草原也栖息。在仙人掌和树林里的洞穴中营巢，主要栖居在沙漠中的仙人掌上，在密集的豆科灌木、干燥橡木森林地、树木繁茂的峡谷的其他树上也能找到它们。

姬鸮的食物主要包括节肢动物、蜘蛛、昆虫、蝎子、甲虫、飞蛾、蚂蚱和蟋蟀。它们哺养幼鸟主要在黎明和黄昏，由于姬鸮缺乏优秀的夜视能力，但基本上还是夜出寻觅昆虫，日间很难发现其踪迹。

据说，美洲沙漠缺乏天然树洞，姬鸮想要和仙人掌、啄木鸟同居，就带着一只盲蛇当租金，它们三者共处一室，白天仙人掌啄木鸟出外打拼，到了夜晚，换姬鸮外出，而盲蛇就像管家，帮忙清除巢内的寄生虫。

姬鸮的巢安在啄木鸟啄开的柱形仙人掌、美国梧桐、杉木、核桃树、甚至电线杆（取决于栖所洞的可及性）上。在北美洲的繁殖季节通常是5月和6月（3～8月在墨西哥）。每次产1～5枚卵，一般产3枚。孵化期是21～24天。雏鸟争抢食物，28～33天后长出羽毛并可以飞行。

Part5

攀禽

森林医生啄木鸟

啄木鸟是著名的森林益鸟，除消灭树皮下的害虫如天牛幼虫等以外，其凿木的痕迹可作为森林卫生采伐的指示剂，因而被称为森林医生。

啄木鸟是常见的留鸟，在我国分布较广的种类有绿啄木鸟和斑啄木鸟。它们专门觅食天牛、吉丁虫、透翅蛾、蠹虫等害虫，每天能吃掉

↑ 啄木鸟

1500 条左右。由于啄木鸟食量大和活动范围广，在 13.3 公顷的森林中，若有一对啄木鸟栖息，一个冬天就可啄食吉丁虫 90% 以上，啄食肩星天牛 80% 以上，所以，人们称啄木鸟是"森林医生"。

鸳形目啄木鸟科啄木鸟亚科鸟类，约 180 种，以在树皮中探寻昆虫和在枯木中凿洞为巢而著称。除澳大利亚和新几内亚，几乎遍布全世界，以南美洲和东南亚数量最多。多数啄木鸟为留鸟，但少数温带种如北美的黄腹吸汁啄木鸟及扑动鸳有迁徙习性。

大多数啄木鸟终生都在树林中度过，在树干上螺旋式地攀缘搜寻昆虫；只有少数在地上觅食的种类能像雀形目鸟类一样栖息在横枝上。多数啄木鸟以昆虫为食，但有些种类食果实。吸汁啄木鸟一般在一定季节内吸食某些树的汁液。春天，占据各自领域的雄啄木鸟大声鸣叫，并常常啄击空洞的树干，偶尔还敲击金属，从而增加声响，但在其他季节啄木鸟通常无声。啄木鸟多无社群性，往往独栖或成双活动。不同种的啄木鸟形体大小差别很大，从十几厘米到四十多厘米不等。如绒啄木鸟长约 15 厘米，北美黑啄木鸟长约 47 厘米。啄木鸟能够在树干和树枝间以惊人的速度敏捷地跳跃。它们能够牢牢地站立在垂直的树干上，这与它们足的结构有关。啄木鸟的足上有两个足趾朝前，一个朝向一侧，一个朝后，趾尖有锋利的爪子。啄木鸟的尾部羽毛坚硬，可以支在树干上，为身体提供额外的支撑。它们通常用喙飞快地在树干上敲击，以寻找隐藏在树皮内的昆虫，确定之后，它们坚硬的喙能够飞速在树皮上啄出一个深深的小洞并闪电般伸出长长的舌头捕捉到昆虫。

啄木鸟多无社群性，往往独栖或成双活动。雄啄木鸟在求爱时，会用自己坚硬的嘴在空心树干上有节奏地敲打，发出清脆的"笃笃"声，像是拍发电报，迫不及待地向雌鸟倾诉爱的心声。

爱情鸟

　　爱情鸟生活在非洲的热带雨林，也就是情侣鹦鹉。其色彩艳丽，小巧可爱，被认为是鹦鹉中最可爱的一种。情侣鹦鹉是牡丹鹦鹉属内的鹦鹉总称（牡丹鹦鹉属，希腊语中是爱的意思）。情侣鹦鹉是一种非常喜欢群居及深情亲切的鹦鹉。因其羽

↑ 爱情鸟

毛艳丽，常似乎充满深情地双双偎依栖息而著名。

　　传说爱情鸟失去配偶后会悲伤而死，但这说法未能证实。其体长10～16厘米，体矮肥，尾短。多数种类嘴红色，具明显的眼环。雌雄外形相似。

爱情鸟集大群在林中和灌木丛中觅食种子，可能危害庄稼。有些种类在树洞中做巢；雌鸟把筑巢材料放在腰羽下携运，使草和树叶从喙中通过而使之柔软。爱情鸟每窝产卵 4～6 枚，孵化期约 20 天，情侣鹦鹉在小型鸟舍中很受欢迎，不易驯化，但能学些技巧和说话，好与其他鸟类争斗，声响亮粗厉。其生命力强，寿命长。坦桑尼亚的黑面情侣鹦鹉体羽呈绿色，头淡黑褐色，有一条黄色带横跨胸部和后颈；笼养者常见蓝色和淡白色的变种。最大的种类是安哥拉至南非产的玫瑰红面情侣鹦鹉。误称为情侣鹦鹉的有热带美洲森林的小鹦鹉及虎皮鹦鹉。

情侣鹦鹉因其深情的天性而得名。情侣鹦鹉会与伴侣形影不离，相依相偎，而且多是会厮守终生。亦因为这样，大部分人强烈地认为，情侣鹦鹉必须是一对一对地饲养。

有些人相信，情侣鹦鹉像其他的鹦鹉一样，只要得到足够的关心及照顾，情侣鹦鹉可以与人建立一个友伴关系。

情侣鹦鹉是最细小的鹦鹉品种，身型矮胖且有一条短尾，喙部相对较大，大部分情侣鹦鹉都是绿色的，而且人工配种及变种使很多的颜色出现。

杜鹃

　　杜鹃常栖息于植被稠密的地方，性胆怯，常闻其声而不见其形。多数种类为灰褐或褐色，但少数种类有明显的赤褐色或白色斑。金鹃全身大部分或部分为有光辉的翠绿色。有些热带杜鹃的背和翅蓝色，有强烈的彩虹光泽。除少数善于迁徙的种类外，杜鹃的翼多较短。尾长（有时极长），凸尾，个别尾羽尖端白色。腿中等长或较长（陆栖类型），脚对趾型，即外趾翻转，趾尖向后。喙强壮而稍向下弯。

　　普通杜鹃身长约 16 厘米，羽毛大部分或部分呈明亮的鲜绿色。大型的地栖杜鹃身长可达 90 厘米。多数地栖杜鹃呈土灰色或褐色，也有些身上有红色或白色的斑纹。有些热带杜鹃的背上翅膀上有像彩虹一样的蓝色。多种杜鹃的翅短，尾巴较长，有的特别长。尾巴羽毛的尖端还点缀着白色。地栖杜鹃的腿比树栖杜鹃长，脚掌前后有双趾，喙粗壮结实，有点向下弯曲。

　　杜鹃最为人熟知的特性是孵卵寄生性。这种特性见于杜鹃亚科的所有种类和地鹃亚科的 3 个种，即产卵于某些种鸟的巢中，靠养父母孵化和育雏。杜鹃亚科的 47 种有不同的适应性以增加幼雏的成活率：如杜鹃的卵形似寄主的卵（拟态），因此减少寄主将它抛弃的机会；杜鹃成

↑ 杜鹃

鸟会移走寄主的一个或更多的卵，以免被寄主看出卵数的增加，又减少了寄主幼雏的竞争；杜鹃幼雏会将同巢的寄主的卵和幼雏推出巢外。

　　某些杜鹃的外形和行为类似鹰属，寄主见之害怕，因此杜鹃能不受干扰地接近寄主的巢。因此许多人给杜鹃安上了"恶鸟"的称谓。非寄生性地鹃其在北美洲的代表是广泛分布的黄嘴美洲鹃和黑嘴美洲鹃。小美洲鹃在美国限见于佛罗里达的南部海滨，也见于西印度群岛、墨西哥至南美北部。中、南美洲还有 12 个种非寄生性地鹃，有些种归属蜥鹃属和松鹃属。东半球有 13 种地鹃，分为 9 个属。地鹃在低矮植被中用树枝营巢。雌、雄鸟均参与抱卵育雏。

白腹鱼狗

　　白腹鱼狗是一种食鱼类鸟，其身长28～35厘米，翼展48～58厘米，体重140～170克。前额和头顶部是深蓝色羽毛，眼先白色，两颊黑色，白领，脖子上的黑圈有时断续。翕、背部、尾巴、翅膀深棕色。背部羽

↑　白腹鱼狗

毛有鳞片状斑纹。底部和分尾完全是白色的，或多或少有浅黄色，粉红色或黄色色调。有些鸟的下颌，喉咙及胸部的镶着精细黑色纹。

白腹鱼狗头部有灰色羽冠，头羽扩散到脖子上。喉咙和颈部白色，白腹和灰胸之间有棕色羽毛相杂。雌鸟有一个红色带叠加在腹部的灰色带之间。腿短，体重，头部和颈部的壮硕与身体其他部位特别不相称。

白腹鱼狗体形较大，嘴长而侧扁，峰脊圆；鼻沟显着；翼尖，第1枚初级飞羽较第2枚短，第2或3枚最长；尾较嘴长；体羽黑白斑驳。

白腹鱼狗在威胁入侵者或当合作伙伴时，会发出清晰的鸣叫声，以示警告。白腹鱼狗生活在不同类型的水生境，如湖泊、山涧、海岸、红树林、海湾、沼泽、河流、水库和平静的海面。寻找猎物的方法和其他翠鸟类似。主要食物包括鱼，大多是鳟鱼、杜父鱼和大西洋鲑鱼等。当鱼稀缺时也吃软体动物、甲壳类动物、水生昆虫（蜻蜓）、两栖动物、爬行动物，其他类幼鸟、小型哺乳动物和浆果。

白腹鱼狗领地意识非常强，大多数的本土防卫措施是通过语音指令或呼声威慑对方，鸣声类似振动机械的敲击声。在两个伙伴之间则发生一种短尖叫威胁。白腹鱼狗在产卵期间，夫妇积极捍卫自己的领土。尤其是雄鸟，如果发现有图谋划不规者，它会立即做出反应，竖立起羽毛以警示侵略性。此物种单配制，雄鸟会给雌鸟献歌并提供食品给雌鸟。当配偶关系确定交配后，雌雄会共同沿堤岸选址，在松散的砂土或是黏土层挖一个长80厘米的鸟巢。鸟巢一般建在捕鱼区附近。雌鸟每次通常产6至8枚卵，孵化时间22至24天。父母双方轮流孵卵。幼鸟一般第28天离巢，但仍与父母同住三周。

格查尔鸟

格查尔鸟号称南美洲的"极乐鸟"，是危地马拉的国鸟。格查尔鸟又称彩咬鹃、凤尾绿咬鹃、长尾冠咬鹃。"格查尔"在印第安语里是金绿色的羽毛。

格查尔鸟是世界上少有的美丽鸟，鸽子般大小，红腹绿背，头和胸部浅褐色，周身羽毛

↑ 格查尔鸟

呈华丽的闪绿色，鲜红色的嘴很精巧，这一红一绿把整个身体陪衬得楚楚动人。特别是雄鸟那雪白的羽冠，拖着1米多长中黑边白的尾羽，形态奇特。

格查尔鸟体长38～41厘米。分布于墨西哥南部、尼加拉瓜、哥斯达黎加和巴拿马等地，栖息于森林地带，以昆虫为食，也吃植物果实等，

营巢于树洞中，主要生活在中美洲山地雨林中。凤尾绿咬鹃是咬鹃中体型最大的一种，长着长长的尾羽。

绿咬鹃在咬鹃科中最著名，除辉绿咬鹃体长约125厘米外，大多数种类体长24～46厘米，凸尾，尾羽12枚，尖端方形。尾下覆羽具黑、白花纹（如同杜鹃那样）。

绿咬鹃翅圆形，腿短，脚弱。第二趾（内趾）固定向后。嘴短，弯曲且宽，基部有嘴须；许多种类的嘴具锯齿。眼周有一圈彩色的裸露皮肤。见于新大陆（从美国最西南部和西印度群岛到阿根廷）、整个非洲撒哈拉以南地区及从印度到马来亚和菲律宾。美洲热带地区数量和种类最多。多数种生活在低地的热带森林中，有些种亦见于山上。在树洞中营巢，利用天然树洞，有些种类在朽木上挖穴巢或挖进树中的蚁窝或白蚁窝中筑巢（吃其卵，不畏其叮咬），产2～5枚卵，卵球形，白色或略有色调。孵化期2～3周，幼雏出壳后2～3.5周长出羽毛，雌雄共同育雏。绿咬鹃（从墨西哥南部至玻利维亚）是古代马雅人和阿兹特克人的圣鸟；今天其形象见于危地马拉的国徽；该国货币名格查尔，意即绿咬鹃。

格查尔鸟性情高洁，酷爱自由，不能用鸟笼饲养，否则，它宁可绝食而死。因此，人们称格查尔鸟为自由鸟。也从未被人们长时间喂养过，总是在被捕捉到之后一段时间内死去。

格查尔鸟同"森林医生"啄木鸟是同一个家族，喙强直有力，可凿开树皮。舌细长，能伸缩，尖端列生短钩，适于钩食树木内的蛀虫，是森林益鸟。它们是典型的栖树种，很少落于地面，喜欢成对生活，雌雄形影不离。

雨燕

　　雨燕与燕十分近似，长约 9 ～ 23 厘米，翅特长，体结实有力。羽衣致密，具暗淡的或有光泽的灰、褐或黑色，有时在喉、颈、腹或腰部有淡色或白色斑纹。头宽，嘴短宽而微弯曲。尾通常短，但也有的长而分叉深，足弱小，通常只靠尖爪攀附在陡直面上。着落在平地上的雨燕也许不能再飞起来。软尾雨燕的后趾转到前面，有助于抓住陡直面；刺尾雨燕的针尖状短尾羽提供支撑作用，而足没有多少变化。

　　雨燕取食时，不倦地前后飞逐，张开大嘴儿捕昆虫，也在飞行中喝水、洗澡，有时还在空中配对。飞行时翼的扑动相对较慢而不灵活（每秒 4 ～ 8 次），但镰刀状的翅使雨燕成为小鸟中飞行最快者，据传一般每小时可飞行 110 千米；还有报道飞速达到这个数字的 3 倍，但未得证实。已知经常捕食雨燕的掠食性鸟只是某几种大型的隼。

　　雨燕的巢系由黏性的唾液黏合细枝、芽、苔藓和羽毛而成。巢筑在洞壁上或烟囱的内壁、岩缝、空心树内。少数种类的巢筑在棕榈叶上，最特别的例子是热带的亚洲棕榈雨燕，它的小而扁平的羽毛巢在一片棕榈叶上，巢竖挂，甚或倒挂，卵黏在巢上。雨燕每产 1 ～ 6 个（通常 2 ～ 3 个）白色卵。在食物缺乏时，蛋和幼雏都可以降到接近环境的温度，减

↑ 雨燕

缓其发育以节省食源。幼鸟留在窝内或守在窝旁 6 ~ 10 周，时间的长短大都取决于食物供给。幼鸟羽毛长成像成鸟后，即能熟练地飞行。

几种最著名的雨燕如下：

烟囱刺尾雨燕，刺尾，均匀的暗灰色，在北美东部繁殖，在南美越冬，巢在烟囱或空心树内。

刺尾雨燕属除此种外已知尚有 17 种，分布世界各地。

楼燕（即普通雨燕、欧洲雨燕）在英国即简称雨燕，尾软，黑色，在欧亚繁殖，在非洲南部越冬，巢筑在建筑物和空心树内。

楼燕属的另外 9 种见于旧大陆的整个温带区，某几种雨燕属居于南美。

白领雨燕尾软，浅棕黑色，领窄而呈白色；分布于墨西哥到阿根廷一带及较大的加勒比海岛屿上；营巢于洞穴中和瀑布后。

白腰雨燕尾软，黑色，有白色斑纹，为撒哈拉以南非洲的留鸟。

白喉叉尾雨燕尾软，黑色，有白色斑纹，在北美西部繁殖，在中美南部越冬，筑巢在陡直的悬崖上。

雨燕科的俗名为"swift"，这恰如其分地体现了这种鸟最为人熟悉的一面——不停息地在空中快速盘旋、飞翔，几乎从不落到地面或植被上。而雨燕属的学名"Apus"也同样形象，这一希腊语的意思为"没有脚的鸟"。此外，雨燕目以前的名字是"翅膀发达的鸟"（指前翅）。

雨燕的突出特征是腿很短、翅特别长。一些候鸟种类在繁殖季节的身影使雨燕成为温带地区夏季的一个典型标志。雨燕的身影和声音对都市居民而言并不陌生，有些种类，如欧洲的普通雨燕，经常将巢筑于大城市的建筑物上或建筑物内。使用这些人工巢址对雨燕来说司空见惯，但并不是它们唯一的选择。虽然在英国几乎没有记录表明这种常见的鸟在"天然"巢址繁殖，但在欧洲其他地方的原始森林，如在波兰保留下来的原始森林（尤其是比亚洛威查森林）。雨燕的巢被发现筑于高处的断树枝洞里及腐朽的老树树干中。

翠鸟

　　翠鸟是一种轻盈、美丽的鸟。其喙大，多以鱼为食，体强，长约10.45厘米，羽衣鲜艳；许多种类有羽冠，腿短，大多数尾短或适中。翠鸟头大与身体不相称，喙长似矛，翼短圆，3个前趾中有2个基部

↑ 翠鸟

愈合。

翠鸟的整体色彩配置十分鲜丽。头至后颈部为带有光泽的深绿色，其中布满蓝色斑点，从背部至尾部为光鲜的宝蓝色，翼面亦为绿色，带有蓝色斑点，翼下及腹面则为明显的橘红色。喉部有一大白斑，脚为红色。一般自额至枕蓝黑色，密杂以翠蓝横斑，背部辉翠蓝色，腹部栗棕色；头顶有浅色横斑；嘴和脚均赤红色。

从远处看很像啄木鸟，背和面部的羽毛翠蓝发亮，因而通称翠鸟。中国的翠鸟有 3 种：斑头翠鸟、蓝耳翠鸟和普通翠鸟。最后一种常见，分布也广。翠鸟的嘴长而尖且粗厚，头大尾短，脚亦短，是常于水边出现的中型水边鸟类。

翠鸟性孤独，平时常独栖在近水边的树枝上或岩石上，伺机猎食，食物以小鱼为主，兼吃甲壳类和多种水生昆虫及其幼虫，也啄食小型蛙类和少量水生植物。它常直挺地停息在近水的低枝和芦苇，也常常停息在岩石上，伺机捕食鱼虾等，因而又有鱼虎、鱼狗之称。而且，翠鸟扎入水中后，还能保持极佳的视力，因为，它的眼睛进入水中后，能迅速调整水中因为光线造成的视角反差。所以翠鸟的捕鱼本领几乎是百发百中，毫无虚发。

翠鸟繁殖期为每年 4 ～ 7 月。翠鸟能用它的粗壮大嘴在土崖壁上穿穴为巢，也营巢于田野堤坝的隧道中，这些洞穴鸟类与啄木鸟一样洞底一般不加铺垫物。

翠鸟卵直接产在巢穴地上。每窝产卵 6 ～ 7 枚。卵色纯白，辉亮，稍具斑点，大小约 28 毫米 ×18 毫米，每年 1 ～ 2 窝；孵化期约 21 天，雌雄共同孵卵，但只由雌鸟喂雏。翠鸟羽毛美丽，头顶羽毛可供做装饰品。但喜食鱼类，对渔业生产不利。

Part 6

陆禽

"百鸟之王"孔雀

孔雀是世界上最美的鸟，因其能开屏而闻名于世。雄孔雀羽毛翠绿，下背闪耀紫铜色光泽。尾上覆羽特别发达，平时收拢在身后，伸展开来长约1米，就是所谓的"孔雀开屏"。这些羽毛绚丽多彩，羽支细长，犹如金绿色丝绒，其末端还具有众多由紫、蓝、黄、红等色构成的大型眼状斑，开屏时反射着光彩，好像无数面小镜子，鲜艳夺目。它们身体粗壮，雄鸟长约1.4米，雌鸟全长约1.1米。头顶上那簇高高耸立着的羽冠，也别具风度。雌孔雀无尾屏，背面浓褐色，并泛着绿光，不过没有雄孔雀美丽。能够自然开屏的只能是雄孔雀。

孔雀有绿孔雀和蓝孔雀两种。绿孔雀又名爪哇孔雀，分布在我国云南省南部，为国家一级保护动物。蓝孔雀又名印度孔雀，分布在印度和斯里兰卡。蓝孔雀还有两个突变形态：白孔雀和黑孔雀。人工养殖主要指蓝孔雀。

孔雀被视为"百鸟之王"，是最美丽的观赏品，是吉祥、善良、美丽、华贵的象征。孔雀有特殊的观赏价值，羽毛用来制作各种工艺品。而且人工饲养的蓝孔雀，含有高蛋白、低能量、低脂肪、低胆固醇，可作为高档珍馐佳肴。

　　每年春季，尤其是三四月份，孔雀开屏次数最多，这是为什么呢？孔雀开屏和季节有关吗？

　　孔雀双翼不太发达，飞行速度慢而显得笨拙，只是在下降滑飞时稍快一些。腿却强健有力，善疾走，逃窜时多是大步飞奔。觅食活动，行走姿势与鸡一样，边走边点头。

　　孔雀开屏也是为了保护自己。在孔雀的大尾屏上，我们可以看到五色金翠线纹，其中散布着许多近似圆形的"眼状斑"。这种斑纹从内至外是由紫、蓝、褐、黄、红等颜色组成的。一旦遇到敌人而又来不及逃避时，孔雀便突然开屏，然后抖动它"沙沙"作响，很多的眼状斑随之乱动起来，敌人畏惧于这种"多眼怪兽"，也就不敢贸然前进了。

↑　孔雀

孔雀的头部较小，头上有一些竖立的羽毛，嘴较尖硬；雄鸟的羽毛很美丽，以翠绿、青蓝、紫褐等色为主，也是白色的，并带有光泽，雄孔雀尾部的羽毛延长成尾屏，有各种彩色的花纹，开屏时非常艳丽，像扇子。雌鸟无尾屏，羽毛色也较差。

孔雀开屏是类似鸟类的一种求偶表现，每年四五月生殖季节到来时，雄孔雀常将尾羽高高竖起，宽宽地展开，绚丽夺目。雌孔雀则根据雄孔雀羽屏的艳丽程度来选择交配。

孔雀喜欢成双或小群居住在热带或亚热带的丛林中，主要分布于亚洲南部，我国只有云南才有野生孔雀。孔雀平时走着觅食，爱吃黄泡、野梨等野果，也吃谷物草籽。

孔雀可供观赏，羽毛可做装饰品。

孔雀是国家鼓励养殖的集观赏、食用、保健于一身的养殖珍禽。孔雀肉是高蛋白、低脂肪、低胆固醇的野味珍品，营养价值高，肉味鲜美，有"水中老鳖，禽中孔雀"之说。《本草纲目》禽部第四十九卷记载："孔雀辟恶，能解大毒、百毒及药毒。"其解毒功效甚至超过穿山甲。经现代科技证实，孔雀肉营养种类齐全，富含各种微量元素，氨基酸配比接近国际粮农组织及世界卫生组织推荐的理想模式，是优质蛋白质，肉质瘦，其脂肪、胆固醇、热量指标均优于普通禽类、兽类及淡水鱼，达到美国新食品标准法规定的极瘦肉类标准。孔雀骨骼的骨钙含量高，钙磷比优于牛奶，与人奶钙磷比几乎一致，是优质补钙营养源。

鸵鸟

多年来，人们总是将鸵鸟称为胆小的动物，因为它遇到危险总是把头颈平贴在地上，然后钻进沙里"掩耳盗铃"。

其实，这种看法是不科学的。鸟类学家发现，鸵鸟栖息在非洲热带沙漠草原地区，那里气候炎热，阳光强烈，鸵鸟发现敌害后，虽然可以拔腿快逃，可是，在干燥的环境下奔跑对自己是很不利的。因此，鸵鸟便将长脖子平贴地面，身体蜷曲一团，凭借自己暗褐色羽毛伪装成岩石或灌木丛，加上雾气的掩护，就不易被敌害发现。尤其是未成年的鸵鸟，常用这种方式逃生。如果此举难以奏效，它们便会在敌害出现时一跃而起，迅速逃离。

鸵鸟的翅膀在进化过程中，逐渐失去了最原始的作用——飞翔，虽然不能飞了，但它跑得却很快。鸵鸟身高达 2.75 米，其步幅可达 3 米，每小时可跑 70 千米，远远超过狮子的最大速度（每小时 60 千米）。

鸵鸟蛋乃是蛋中之王，大约重 1.35 千克，相当于 25 ～ 30 个鸡蛋的大小。鸵鸟蛋一样可以吃，但是要有耐心，因为要煮熟它，至少需要 2 小时！

经过 39 ～ 42 天的孵化后，小鸵鸟便可从鸵鸟蛋壳中爬出。看管小鸵鸟的任务主要由鸵鸟爸爸承担。除此之外还要为小鸵鸟觅食，对它们进行"培训"，而鸵鸟妈妈则负责保护自己的子女。

科学家格日梅克亲眼看见了这样的情景：一只公鸵鸟领着 8 只小鸵鸟及在旁边观察周围动静的母鸵鸟，突然间，一只鬣狗向小鸵鸟们发动袭击。公鸵鸟马上领着"孩子"躲到安全的地方，而母鸵鸟则英勇无比地迎了上去，用脚扑，用嘴啄，鬣狗招架不住，只得连连后退，母鸵鸟也不停"手"，一直追了有大约 1 千米远。

如今，鸵鸟的羽毛主要用来做连衣裙、扇子、帽子和戏剧服装的装饰品。

看来，缩头缩脑的鸵鸟还真够大胆，紧要关头，不但毫不畏惧，反而能迎难而上，或许这就是父母之爱的伟大力量。

松鸡的种类

松鸡，脊椎动物，是一种半树栖半地面生活的鸟类。身体形状有点像家养的公鸡，体羽近纯黑色。翼羽、覆羽先端和下体杂有白斑。尾长大而平整，像把鹅毛扇。雌鸟喉部乳白色，具有黑色细斑。上体锈棕色，

↑ 松鸡

具有褐色横斑，羽毛先端灰色。品种很多，广泛分布于亚洲、欧洲、北美洲等地，是中国黑龙江省的留鸟，冬季长城一带偶有发现。松鸡是中国国家一类保护动物，在黑龙江省共分布5种，中国著名的有细嘴松鸡，也叫"林鸡"。

松鸡科鸟类是中国传统的狩猎鸟类，属林栖动物。据史料记载，在黑龙江省共分布5种：黑嘴松鸡、黑琴鸡、花尾榛鸡、镰翅鸡与柳雷鸟。

1. 黑嘴松鸡

黑嘴松鸡全长约 70（雌）～ 90（雄）厘米。雄鸡体羽黑褐色，头、颈黑而上面闪着金属光彩，颏、喉及胸等具绿色反光；背纯黑褐色；肩羽黑褐色，外端部具白色中央纹；尾羽纯黑褐色。雌鸡上体大都棕色而具黑褐闪蓝的横斑。雌雄鸡的肩、翅上覆羽、尾上覆羽和尾下覆羽等均具显著白端。

黑嘴松鸡除繁殖期外多成小群生活。主要以植物的嫩枝、叶芽孢植物性事物为食。夏秋季节也吃蔷薇、草籽和昆虫。繁殖期 4 ～ 6 月。雄鸟先来到求偶场高声求偶鸣叫，鸣叫时头颈向上伸直，羽毛蓬松，两翅半张下垂，尾向上并散开成扇形，边跳边鸣叫。当雌鸟来到身边时，雄鸟一侧翅膀下垂，并急速小步向雌鸟靠近然后成对飞走。其巢是有雌鸟在松软的地上先刨一个凹坑，再垫以松针、树皮、细小松枝和羽毛即成。它卵的颜色为浅棕色或赭色，具红褐色或暗褐色斑。长颈 5.3 ～ 6.3 厘米，短颈 3.9 ～ 4.4 厘米。重 65 ～ 70 克。第一枚卵产出后即开始孵化。孵化期 23 ～ 25 天，由雌鸟承担。雏鸟具早成性，孵出后不久雏鸟即能跟随亲鸟活动和觅食。

2. 黑琴鸡

黑琴鸡为中等鸡类，全长 55 厘米左右。雄鸟全身体羽黑色，头、颈、喉、下背具蓝绿色金属光泽，翅上具白色翼镜。尾呈叉状，外侧尾羽长而向外卷曲成琴状。嘴暗褐色。脚踝皮橘红色。雌鸟全身体羽黄褐色，具黑褐色斑；颏、喉棕白色；翅上翼镜不明显；尾羽叉状，不向外弯曲，为山地森林鸟类，栖息于开阔地附近的松林、桦树林和混交林中。3 月末至 4 月初发情，雌鸟 5 月初在发情地附近筑巢产卵。在树下的地面营巢，每窝产卵 6 ～ 8 枚，淡赭色，具深褐色斑点。孵卵期 19 ～ 25 天，育雏期约 60 天。黑琴鸡分布区日渐狭窄，数量稀少，应严加保护。

3. 花尾榛鸡

花尾榛鸡别名松鸡、飞龙、树鸡，体重约 400 克。雄性上体羽色棕灰，具栗褐和棕黄的横斑，延续至下背和尾部横斑渐窄，成花纹状。头具羽冠，从脸颊延至后颈有一白色宽带。喉黑，缘以白羽。飞羽灰褐，具一系列白斑。下体暗褐或棕褐色，羽端的灰白色组成细纹。尾羽青灰，具黑褐色横斑。雌性喉部淡棕黄，体羽较雄性稍暗。

榛鸡是古北界特有的鸟类，针叶林和针阔混交林带的典型种类，喜群居，晚秋时集成 10 只左右的小群，直至次年 4 月末才离群成对活动。它平时多在松树枝杈间隐蔽，极善奔走，又巧于在树丛间藏身。它嗜食各种植物，亦吃昆虫。1 雌配 1 雄，5—6 月间筑巢繁殖。榛鸡巢筑在山坡阳面的树林中，呈凹洼状，置于灌丛下、倒木旁的落叶层中。每窝产卵 7 ～ 12 枚，淡黄褐色，具红褐色白斑。孵化期约 20 天，由雌鸟负担。雏鸡孵出 1 个月后即能短途飞行。榛鸡是国际上有名的猎禽，也是东北重要的鸟类，肉与家鸡肉相同，煮汤尤为鲜美。

4. 镰翅鸡

镰翅鸡的体长为 32 ～ 41 厘米，体重为 600 ～ 700 克。雄鸟和雌鸟的羽色相差不多，只是雌鸟羽色稍淡；头顶到后颈为灰橄榄色或沙黄色，具窄的黑色斑纹；眼的后面有一个白纹；其余全身的体羽都是黑褐色，杂以灰色和沙黄色虫蠹状斑，下胸部和腹部为黑白交替的横斑；翅膀短圆。最特殊的是翅膀上的初级飞羽硬窄而尖，呈镰刀状；尾羽有 16

枚，中央尾羽褐色，其他尾羽黑色，上面有宽阔的白色羽端。眼睛内的虹膜为黄褐色，眼的上缘有一个鲜红色的裸露的皮肤；嘴为黑色；腿上被有羽毛，脚和趾为黄褐色。镰翅鸡分布于小兴安岭及黑龙江下游，国外见于西伯利亚。它由于外形与榛鸡相似，曾一度被人当做榛鸡捕食。1986～1987年调查时，已无踪影。2000年新华社发布消息，黑龙江动物所经五年调查，没有发现镰翅鸡，当地老百姓也已几十年没有见到。据国际自然保护联盟的红皮书规定，一个物种若50年未见，便可断定在该地区灭绝了。

5. 柳雷鸟

柳雷鸟体长36～40厘米，上体、喉部及胸部的羽毛夏季时为黑褐色，并间有不规则的棕黄色横斑。腹部以下为白色。翼羽呈白色，尾部为黑褐色，中央一对尾羽为白色。脚及趾覆盖有白羽。雌鸟上体呈黑褐色，并具有淡黄色点斑，羽端为白色。下休呈棕黄色，并有黑褐横斑，腹部散有白点。脚及趾覆盖有白色羽毛。冬季雌、雄鸟均为白色，仅尾羽为黑色，翼羽的羽轴也为黑色。

柳雷鸟是北方森林中的代表性鸟类，通常栖息于寒带及亚寒带北部的苔原、矮生的柳丛、桦林、松林等地带。主要以植物的叶、芽和嫩枝等为食。

马鸡

马鸡耳部有一簇特别发达的羽毛，长而稍硬，往往突出于颈项，因而又称为角鸡和耳鸡。其尾略侧扁或平扁，具尾羽 20～24 枚，而中央尾羽比最外侧尾羽约长一倍。由于中央尾羽的羽支大都披散下垂，犹如马尾，所以又叫马鸡。马鸡雌雄同色。雄性具短钝的距，体形略大。有 3 个种：褐马鸡、蓝马鸡和藏马鸡，均分布于中国境内，自西藏、云南起，北抵甘肃以至华北。仅藏马鸡偶见于印度北部。

褐马鸡和蓝马鸡的体长约 1 米，中央尾羽侧扁，翘起在其他尾羽之上。藏马鸡体形较大，与其他两种不同的是，耳羽簇不突出于颈项之上，尾羽通常仅 20 枚，尾较平扁，中央尾羽与其他尾羽均向下拖，并不挺起，左右羽片几乎正常，羽支稍松，但不披散。从这些特征看，藏马鸡可能是马鸡属最原始的类型。褐马鸡的体羽主要为褐色，蓝马鸡的体羽主要为蓝色。藏马鸡有 5 个亚种，其中 3 个亚种的体羽主要为白色，其余 2 个亚种的体羽主要为蓝色或灰蓝色。

马鸡大都栖息于丘陵和高山，善奔走，常成群活动。因其飞行速度慢，通常不远飞。它受惊时常往山上狂奔，至岭脊处才振翅飞起，滑翔至山谷间。藏马鸡不像蓝马鸡、褐马鸡那样怯懦，有时接近村落也不畏

↑ 马鸡

惧，叫声洪亮。在鸣叫时，昂首引颈，嘴几乎直向上方，尾也往上翘，姿态雄峻。马鸡用嘴挖土觅食，以块茎、细根、种子等为主，也兼吃昆虫。春夏间繁殖，一雄配一雌，为了争偶，雄鸟间常发生格斗。巢筑于地面，呈浅碟状，以枯枝、苔藓、枯草等构成，内铺碎屑和残羽。卵淡褐，青绿以至土黄色。孵化期为26～27天。雌雄亲鸟均承担雏鸟的喂养和抚育。狐狸是马鸡的主要天敌。褐马鸡是中国国家一级保护动物，蓝马鸡和藏马鸡是二级保护动物。

眼斑吐绶鸡

眼斑吐绶鸡也叫眼斑火鸡，是一种家禽，今天在中美洲洪都拉斯、危地马拉等地区还能见到野生品种。眼斑吐绶鸡的个子比普通火鸡略小些，它们的尾部覆盖着一些眼状的斑点。眼斑吐绶鸡的名字就是这样来的。

它们的近亲是野外火鸡，故有时会被分类在自己的属中。它们与野外火鸡的分野要有更多的发现才能理清关系。雌鸡相对较为大只，长70～120厘米，重3千克，而雄鸡则没有雌鸡大。

眼斑吐绶鸡体长1米左右，体重4～6千克，雄性比雌性略大，长得很差劲，蓝色的秃脑袋上冒出几个橙黄色的疙瘩。但是它羽色艳丽，在美洲鸟类的选美比赛中名列前茅，这一现实仿佛是在告诫人们千万不要以貌取人。

眼斑吐绶鸡的身体呈铜色及绿色。虽然雌鸡较深及绿色，胸部羽毛与雄鸡相似。雄鸡及雌鸡都没有胡须。尾巴羽毛是蓝灰色的，在金色的近端位置有一个像眼睛及呈蓝铜色的大点。这个大点令一些学者认为它们与孔雀有关。上身及次级飞羽底呈虹铜色。初级及次级飞羽有像北美洲的火鸡的斑纹，但次级飞羽及边缘的白色较多。

↑　眼斑吐绶鸡

　　雄吐绶鸡及雌吐绶鸡的头部呈蓝艳色，有橙色或红色的小节，雄鸡尤为明显。雄鸡的头上有一个蓝色的冠，冠上有像颈上的小节。在繁殖期间，它们的冠会竖起及变得更鲜艳。其眼眶没有羽毛，呈鲜红色，繁殖期的雄鸡特别明显。脚呈深红色，比北美洲火鸡较短及幼。超过 1 岁的雄鸡脚上有长 4 厘米的距，比北美洲火鸡的长及幼。眼斑吐绶鸡较野外火鸡的北美洲亚种细小。雌鸡在生蛋时重 4 千克，平时重 3 千克；繁殖期的雄鸡重约 5 ~ 6 千克。

　　眼斑吐绶鸡大部分时间会在地上，面临威胁时情愿逃跑也不会飞走，但它们并不是不懂飞行，而是可以急速飞行一段短距离。它们会在高树上栖息，避免在地上被其他掠食者猎杀。

雌吐绶鸡每次会在地上生 8～15 只蛋。孵化期为 28 日。小鸡很早熟，出生后一晚就可以离开鸟巢。它们接着会跟随母鸡直至成年。

眼斑吐绶鸡的叫声很独特，并不像野外火鸡，包含了 6～7 个小鼓声，尾声会加快及加大声浪，最终的音节很高音，且旋律优美。它们一般会在日出前 20～25 分钟开始啼叫。

眼斑吐绶鸡栖息于沼泽及森林边缘地区，一般单独活动，以草籽、树叶、浆果和各种昆虫为食，也吃蛙、蜥蜴之类的小动物。虽然翅膀很大，但飞行能力已经严重退化，只能做短距离飞行。

眼斑吐绶鸡以体型大、生长迅速、抗病性强、繁殖率和瘦肉率高的优点而备受青睐。这种鸡不仅肉质细嫩味道清淡，而且在营养价值上有"一高二低"的优点（高蛋白质、低脂肪、低胆固醇），在国外被认为是心脑血管疾病患者的理想保健食品。在前几年疯牛病和口蹄疫肆虐于欧洲的时候，大量火鸡肉和鸵鸟肉的出口保证了许多西方国家肉类贸易所带来的经济效益。如今这两种鸡肉在欧洲和北美已成为仅次于牛肉的主要肉食之一。

红腹锦鸡

红腹锦鸡别名金鸡，中型陆禽，属于雉科，是著名的漂亮观赏鸟类。雄鸟全长约 100 厘米，雌鸟约 70 厘米。雄鸡上体除上背为浓绿色外，主要是金黄色，下体通红。头上具金黄色丝状羽冠，且披散到后颈。后颈生有橙褐色并镶有黑色细边的

↑　红腹锦鸡

扇状羽毛，形如一个美丽的披肩，闪烁着耀眼的光辉。尾羽长，超过体躯 2 倍为羽色黑而密杂以橘黄色点斑。走路时尾羽随着步伐有节奏地上下颤动。雌鸟上体及尾大都棕褐，而满杂以黑斑；腹纯淡无光。

雌鸟春季发出 cha-cha 的叫声。雄鸟回以 gui-gui，gui 或 gui-gu，gu，gu 或悦耳的短促 gu gu gu……声。飞行时，雄鸟发出快速的 zi zi zi……叫声。

红腹锦鸡常活动于山地，不喜群居，夏季常单独或成对活动于多

石和险峻的山坡上，出没于生长在山坡上的矮树丛间，夜间喜寻找针叶林栖宿在树枝上；冬季山间食物缺少，红腹锦鸡不得不在白天结群前往平原地区的农田觅食，夜间则返回山间树上的栖息地。单独或成小群活动，在森林中游荡觅食。多集成 4～5 只，或 10 余只的小群，冬季可达 20～30 只。极善奔走，但飞翔能力较差。喜有矮树的山坡及次生的亚热带阔叶林及落叶阔叶林。常被驯养。

红腹锦鸡为杂食性，以食植物为主，用强健的嘴直接啄食或用脚在地表抓扒后在再用嘴啄取。主要取食蕨类植物、豆科植物、草籽亦取食麦叶、大豆等作物。兼食也吃各种昆虫和小型无脊椎动物。包括草籽、胡颓子、蕨类、青蒿、野蒜、栎树坚果、青岗子、茅栗、苦荞麦、悬钩子、雀麦果穗、红花酢浆果、野豌豆、药枣、大豆、四季豆、小麦。它繁殖期为 4～6 月，一雄多雌制，通常 1 只雄鸟配 2～4 只雌鸟。雄鸟占据一块山地，经常发出"察、嘎、嘎"的啼叫，吸引雌鸟前来交配。

红腹锦鸡求偶炫耀，十分好看。当雄鸟向雌鸟求爱时，它先向雌鸟走过去，一边低鸣，一边绕雌鸟转圈或往返疾奔并察言观色，待站立在雌鸟正前方时，雄鸟身上华丽的羽毛都向外蓬松，彩色的披肩羽盖住了头部，很像抖开的折扇。靠近雌鸟的翅膀稍稍压低，另一侧的翅膀翘起，翅膀上和背、腰上的五彩斑斓的羽毛都展现在雌鸟面前，尾巴也随着倾斜过来，使美丽的尾羽和尾上的覆羽显得十分明亮，双眼向雌鸟脉脉传情。这时，雌鸟已被雄鸟的绚丽羽毛和一系列炫耀动作搞得眼花缭乱，不时地发出"咝咝"的艳羡声。

交配后雌鸟独自在森林中隐蔽处地面做窝产卵，巢的大小为直径 16～17 厘米，深 6.5～10 厘米，每窝产卵 5～9 枚，最多 12 枚，卵的颜色为浅黄褐色，卵重 23.5～29 克。孵化期 22 天。雏鸟为早成鸟，一孵化便能自行觅食。

雪鹑

　　雪鹑是鸡形目雉科雪鹑属的鸟类，中国濒危动物，常见于海拔2900～5000米林线以上的高山草甸及碎石地带，主要以植物为食，同时也吃昆虫。雪鹑的体形不大，成年体长约35厘米，通体灰色，头、

↑ 雪鹑

颈为黑色夹杂白色细条纹，腹部及两翼有棕色条纹，嘴、脚为红色。

雪鹑中等体型（35厘米），通体灰色，上体、头、颈及尾具黑色及白色细条纹，背及两翼淡染棕褐色，胸白且具宽的矛状栗色特征性条纹。各亚种野外难辨。虹膜红褐；嘴绯红；脚橙红。繁殖期叫声似灰山鹑。受惊时叫声为低哨音，危急时转为尖厉。

雪鹑主要栖息于海拔3000～5200米的林线至雪线附近的高山草甸、开阔地和陡峭的岩石上，常活动于生有高山植物如杜鹃、蕨类、苔藓、地衣等的多岩陡坡上。夏季多在海拔4000米以上的多岩地区，冬季下降至4000～3000米，甚至2000米。在云南丽江至龙山，1月份也见它活动于海拔4700～4800米高处。

雪鹑食物主要为植物，兼食昆虫，如苔藓、地衣、浆果、嫩芽、种子及昆虫等。常群居；受惊时，两翼极力振动而升空并四散。栖息生境与淡腹雪鸡相同但栖居范围略小。

雪鹑繁殖期4～7月中旬。1984年在四川北川海拔3800米的茶坪山草甸见一雪鹑巢，内有3枚卵。营巢于陡峭岩石下的洞穴或藏匿于灌木、杂草丛间，极少见于裸露地方，用杂草和苔藓造成。

冕鹧鸪

冕鹧鸪是一种漂亮的鸡形目鸟类，和该目的其他大多数鸟类雄明雌晦的生理特征有所不同，雄性和雌性都很美丽。

冕鹧鸪体长 26 厘米左右，大小和鹌鹑差不多，雄性体重 240 ～ 300 克，整体呈带有光泽的蓝紫色，背部略显浅绿色，头上生有一撮艳丽的鲜红色羽毛，腿为赤红色；雌性体重约 225 ～ 275 克，除翅膀呈红褐色外浑身翠绿，雌雄都长着红眼圈，喙附近长着细长的须。

冕鹧鸪属于杂食性鸟类，主要食物有种子、甲虫、蚂蚁、蜗牛等，还吃玉米、豌豆、西兰花、胡萝卜、西葫芦、红薯等蔬菜，这种鸟偏爱水果，苹果、梨、葡萄、蓝莓、李子、香蕉、木瓜、猕猴桃、柑橘都是它比较喜欢的品种，由于个体太小无法取食这些果类，所以冕鹧鸪通常捡食野猪、貘等食草动物的剩饭。

冕鹧鸪可以在一年中的任何时间交配繁殖，婚姻方式为一夫一妻制，雄鸟用败枝枯草在地面上搭一个简陋的巢，雌鸟每次产卵 4 ～ 6 枚，人工圈养条件下可达 8 枚，孵化期 18 ～ 19 天，期间雄鸟担任保卫工作，幼雏出壳后由双亲共同照料抚养，两个星期后开始长出艳丽的羽毛，大约三个月后就可以长得和成鸟相同，1 岁左右性成熟，寿命 8 ～ 12 年。

↑ 冕鹧鸪

冕鹧鸪栖息于热带常绿雨林的底层植物环境中，分布地貌一般为海拔高度不超过 1550 米的山麓和平原地区，群居生活，每群大约 5 ～ 15 只，属于日行性鸟类。在地域方面，主要分布于缅甸、泰国、马来西亚、文莱、印度尼西亚以及加里曼丹和苏门答腊等地，生存范围横跨东南亚各岛国。

冕鹧鸪虽然人工繁殖数量略具规模但仍属于濒危物种，这主要归因于其栖息地的日益缩小。在 1985—1997 年间加里曼丹的雨林面积减少了 25%，而苏门答腊则失去了 30%。目前冕鹧鸪已名列世界濒危物种贸易公约附录Ⅲ，国际鸟类保护联盟也于 2000 年将其定为近危物种。

Part 7

鸣禽

百灵鸟

在广袤无垠的大草原上，蓝天白云之下，绿草如茵，茫茫无际。苍穹之下，常常此起彼伏地演奏着连音乐家都难以谱成的美妙乐曲，那就是百灵鸟儿们高唱的情歌。百灵鸟从平地飞起时，往往边飞边鸣，由于飞得很高，人们往往只闻其声，不见其踪。

↑　百灵鸟

百灵科在生物分类学上是鸟纲中的雀形目中的一个科。这一科的鸟出于欧亚大陆，只有一种角百灵现已传北美。

百灵的种类较多，其中蒙古百灵遍布中国内蒙古草原及河北北部。它们栖息在草原上，在地面活动，几乎从不上树栖息，以各种植物种子为食，有时也吃一些昆虫。善于在空中飞鸣，是鸟中有名的金嗓子。繁殖期在5～6月间。角百灵多数结群生活，较少单独活动。它们一般不高飞或远飞，主要在地面活动觅食，而且善于短距离奔跑。主食杂草种子，有时也吃害虫。繁殖期在6～7月间，巢建在草丛的基部。

百灵鸟一般比较小，通常吃昆虫和种子。它在地上做窝，每次生2～6个花蛋。它们的羽毛颜色虽然比较平淡无长，但是唱歌非常动听，飞行的姿势也很漂亮。百灵鸟是草原的代表性鸟类，属于小型鸣禽。它们的头上常有漂亮的具羽冠，嘴较细小而呈圆锥状，有些种类长而稍弯曲。鼻孔上常有悬羽掩盖。翅膀稍尖长，尾较翅为短，跗跖后缘较钝，具有盾状鳞，后爪一般长而直。

百灵鸟和草原一起经过几百万年的共同演化，获得了适于开阔草原生存的各种特征。它们一般在3月末开始配偶成对，在地面上鸣叫，并选择巢区。雌雄鸟双双飞舞，常常凌空直上，直插云霄，在几十米以上的天空悬飞停留。歌声中止，骤然垂直下落，待接近地面时再向上飞起，又重新唱起歌来。

百灵鸟的巢筑在地面草丛中，由草叶和细蒿秆等构成，巢呈杯状。每窝产卵大多为2～6枚。它们的卵很好看，底色棕白，上面散缀淡褐色的斑点，接近钝端有一个暗褐色的圆圈。大约经过15天孵化，雏鸟破壳而出。刚出壳的雏鸟赤身裸体，只在一些部位长有绒羽，7天后才睁开双眼，审视它们美丽的家园。

草原上的各种草籽、嫩叶、浆果以及昆虫为杂食性地面取食的百灵鸟提供了取之不尽的食物。百灵鸟繁殖的季节，正是昆虫大量繁衍的时候，以高能量的昆虫饲喂雏鸟，雏鸟就能快速成长，有些种类的亲鸟便可以进行第二次繁殖。

　　干旱的草原能成为百灵鸟的家，可见百灵鸟适应干旱的能力很强。它们或快速飞行到远处取水，或以一定的生理生化特性减少对水的需求。冬季，百灵鸟大多集群生活，几十只甚至上百只为一群，作为一个整体，发挥众多感官的功能，增加在恶劣环境下集体防御的能力。

　　百灵鸟既是"歌手"，又是"舞蹈家"。它们的歌不光是单个的音节，而是把许多音节串连成章。它们在歌唱时，又常常张开翅膀，跳起各种舞姿，仿佛蝴蝶在翩翩飞舞。

　　百灵鸟不但以其美妙的歌喉、优美的舞姿、令人叹服的飞翔技巧美化了环境，也给人类生活增添了无穷的乐趣，更以其自身的存在维持着生态系统的平衡。遗憾的是百灵鸟嘹亮悦耳的歌声也给自己带来了厄运。由于在北方，它是人们饲养的一种名贵的笼养鸟，一些唯利是图的人在百灵鸟的繁殖季节，潜入美丽的草原，不论雌雄，大量捕获幼鸟，运往外地销售。那些可怜的小鸟们还没来得及享受大草原清新的空气和晶莹的晨露，就被关入牢笼，很多死于非命。

云雀

著名诗人雪莱称云雀为"快活精灵",华兹华斯则誉之为"天上歌手"。云雀以悦耳的旋律传至大地,垂直飞升时不停地歌唱,振翼盘旋时歌唱,降落时又歌唱。在英国,旷野和草原的上空有时满布云雀,全在同一时

↑ 云雀

间发出悦耳的歌声。北美洲野云雀与云雀的亲缘关系，比乌鸫与云雀更近，它们嘹亮而哀怨的歌声十分动人。

云雀是一类鸣禽，全世界大约有 75 种，主要分布在旧大陆地区，只有角云雀原产于新大陆。云雀的喙由于种的不同，可能有多种多样的形态，有的细小成圆锥形，有的则长而向下弯曲。它们的爪较长，有的很直。羽毛的颜色像泥土，有的呈单色，有的上面有条纹，雄性和雌性的相貌相似。它飞到一定高度时，稍稍浮翔，又疾飞而上，直入云霄，故得此名。其样子虹膜为深褐色；嘴角质色为脚肉色。

云雀的鸣声在高空中振翼飞行时发出，为持续的成串颤音及颤鸣。告警时发出多变的吱吱声。

云雀属雀形目，百灵科，是一类鸣鸟，身长大约 13 ～ 23 厘米。

多数云雀以食地面上的昆虫和种子为生。所有的云雀都有高昂悦耳的声音。在求爱的时候，雄鸟会唱着动听的歌曲，在空中飞翔，或者响亮地拍动翅膀，以吸引雌鸟的注意。原产于欧洲的云雀都先后引进到澳大利亚、新西兰、夏威夷和加拿大的温哥华岛。由于习性和产地的关系，属于雀形目其他科的一些鸣鸟，如北草地鹨等也有叫云雀的，这类鸣鸟中，拉索云雀属濒危动物。

夜莺

夜莺是一种属于雀形目的小鸟，以前曾把它归为鸫科的一种画眉鸟，但是现在一般把它归于鹟科。

夜莺是一种迁徙的食虫鸟类，生活在欧洲和亚洲的森林。它们在低的树丛里筑巢，冬天迁徙到非洲南部。

夜莺的形体比欧亚鸲还小，大约15～16.5厘米长，赤褐色羽毛，尾部羽毛呈红色，肚皮羽毛颜色呈由浅黄到白色。其性隐蔽，栖于茂密的低矮灌丛及矮树丛，通常离地面不超过2米。它强于在地面跳动，两翼轻弹，尾半耸起，且往两侧弹。常在夜间由覆盖茂密处鸣唱，鸣声悠远清晰，加以多变的弹舌音且叫速快。叫声包括刺耳的errrk，响亮悠长的 hweet 及生硬的 chack 声。

雄夜莺以它擅唱的歌喉而著称，它的音域之宽连人类的歌唱家也羡慕不已。夜莺的鸣叫声高亢明亮、婉转动听。尽管夜莺在白天也鸣叫，但它们主要还是在夜间歌唱，这个特点显著地区别于其他鸟类。所以夜莺的英文名字里有"Night"的字样。近来科学家还发现，夜莺在城市里或近城区的叫声要更加响亮，这是为了盖过市区的噪音。

夜莺嘴形特大，它们常常混在羊群里，悄悄地偷吸羊奶；因此当时

↑ 夜莺

欧洲人就把夜莺叫做"goatsucker"，即"吮羊奶鸟"的意思。其实它并不偷吃羊奶，不危害人畜；相反它们却给人类造福，它们捕食大量的蚊虫、金龟子。有人曾解剖一只夜莺的胃，见到里面有500多只蚊虫，可见它们是为人类除害的朋友。由于人们欣赏夜莺的歌声，在想象中留下了美丽的形象。殊知夜莺并不美丽，几乎通身暗褐色，杂以各种斑纹。它们白天喜欢蹲伏在山坡草地或树枝上休息，其羽色酷似树皮，不易发现，因而又叫它为"贴树皮"。

世界上约有90种夜莺，有的种类分布很宽，带有世界性。我国有8种，云南有5种。毛腿夜莺和黑顶蛙嘴夜莺在我国仅分布于云南。有一种林夜莺，除云南外，还见于台湾省和海南岛。另有一种普通夜莺，则广泛分布在我国南北，特别是长江以南为最多。

红嘴蓝鹊

红嘴蓝鹊是一种体态美丽的笼鸟，尾羽长而秀丽，体长约68厘米，是鹊类中鸟体最大和尾巴最长、羽色最美的一种。头、颈、胸部暗黑色，头顶羽尖缀白，犹似戴上一个灰色帽盔；枕、颈部羽端白色；背、肩及腰部羽色为紫灰色；翅羽以暗紫色为主并衬以紫蓝色；中央尾羽紫蓝色，末端有一宽阔的带状白斑；其余尾羽均为紫蓝色，末端具有黑白相间的带状斑；中央尾羽甚长，外侧尾羽依次渐短，因而构成梯状；下体为极淡的蓝灰色，有时近于灰白色。嘴壳朱红色，足趾红橙色。雌雄鸟体表羽色近似。体背蓝紫色；尾羽颀长，尤以中央两枚更加突出，尾端白色，配上红嘴、红脚，益显仪态庄重，雍容华贵，又有长尾蓝鹊之称。

红嘴蓝鹊性喜群栖，经常结成或集成小群在林间做鱼贯式穿飞，由于鹊尾长曳舒展，随风荡漾，起伏成波浪状，极具造型之美。它偶尔也从树上滑翔到地面，纵跳前进。它与红嘴蓝鹊动人的外貌、艳丽的羽毛和优美的翔姿相比，它的鸣声就显得相形见绌而非常不般配了，不但粗野喧闹，而且响彻山间，令人厌烦。

红嘴蓝鹊是鸦族的近亲，都有荤素兼容的食性，以植物果实、种子及昆虫为食，既吃地老虎、金龟子、蝼蛄、蝗虫、毛虫等严重危害庄稼作物的昆虫，也食植物的果实和种子，有时还会凶悍地侵入其他鸟类的巢内，攻击残食它们的幼雏和鸟卵，不过由它消灭的农业害虫给人类所带来的益处明显地要超过其"害处"。

如果红嘴蓝鹊正在繁殖期间，亲鸟护巢性极强，性情十分凶悍，人若接近其巢区，则啼叫飞舞不止，甚至对人进行攻击，因此，请不要靠近它们。

↑ 红嘴蓝鹊

黄鹂

黄鹂是一些中等体型的鸣禽，是黄鹂科黄鹂属29种鸟类的通称。体羽一般由金黄色的羽毛组成。雄性成鸟的鸟体、眼睑、翼及尾部均有鲜艳分明的亮黄色和黑色分布。雌鸟较暗淡而多绿色。幼鸟偏绿色，下体具细密纵纹。黄鹂因其羽色鲜黄而名，亦称黄莺。它绀趾丹嘴，

↑ 黄鹂

体形小巧，馨风飘羽，黄如赤金，油然欲滴，明李东阳有诗"金堤柳色黄于酒，枝上黄鹂娇胜柳"便为其颜色做了最好刻画。

黑枕黄鹂为典型代表。黑枕黄鹂又称黄莺，体长22～26厘米，通体鲜黄色，自脸侧至后头有1条宽黑纹，翅、尾羽大部为黑色。嘴较粗

壮,上嘴先端微下弯并具缺刻,嘴色粉红。翅尖而长,尾为凸形。腿短弱,适于树栖,不善步行。腿、脚铅蓝色。雌鸟羽色染绿,不如雄鸟羽色鲜丽;幼鸟羽色似雌鸟,下体具黑褐色纵纹。

黄鹂鸟为树栖性鸟类,食物以昆虫为主,也吃些植物的果实和种子。它在大自然中,可消灭许多害虫,特别在育雏期间,大量捕食食梨星毛虫、蝗虫、蛾子幼虫等。

黄鹂的繁殖期是每年的5~7月,多在高大的阔叶树枝端筑巢,巢由麻丝、棉丝和棉布、草茎等物构成。巢呈深杯状,外形精巧,悬挂在细树枝上,犹如摇篮一样,十分美观。每窝产蛋2~4枚,蛋壳表面带有玫瑰色斑点。

黄鹂大多数为留鸟,少数种类有迁徙行为,迁徙时不集群。

太阳鸟

太阳鸟是一种典型的热带鸟类，足迹遍及喜马拉雅山以东地区——缅甸、尼泊尔、印度东北及我国西南和东南等地。我国有 6 种太阳鸟，即中央尾羽蓝色、喉胸黑色、腹部绿灰的黑胸太阳鸟；尾羽绿色、胸部鲜红、下背及腰鲜黄的黄腰太阳鸟；尾羽深红的火尾太阳鸟；喉部呈金属绿色的绿喉太阳鸟；头尾绿色、中央尾羽特长并有两根羽毛分叉的叉尾太阳鸟；喉部蓝色的蓝喉太阳鸟。

太阳鸟属雀形目，太阳鸟科，是 95 种颜色漂亮的小鸟，体重仅 5～6 克，连尾羽在内，最大的身长不超过 15 厘米。每当太阳初升，霞光映照，或者雨过天晴，万里蓝天的时候，太阳鸟和蝴蝶、蜜蜂等在万紫千红的百花丛中，成群飞翔。它们那鲜艳的羽衣，闪现红、黄、蓝、绿等耀眼的光泽，夺目异常，故名"太阳鸟"。当它们不停地挥动着短圆的小翅膀，轻捷地将长长的嘴伸进花蕊深处吸食花蜜时，那悬停半空，倒吊身子的高难动作，简直和美洲的蜂鸟一模一样。所以，有人把它誉为"东方的蜂鸟"。

每年春季，是太阳鸟的繁殖季节。这时，双双对对，在森林边缘或沟谷坡地的灌木丛间筑巢。巢呈梨形，悬挂枝头，随风摆动。每巢产卵

2～3枚，卵壳乳白，间有细小的棕色斑点。

太阳鸟有细长微弯的嘴和管状的长舌，和蜂鸟一样以吸食花蜜为生。但遇到小甲虫和蜘蛛，也不放过开荤的机会，抓来充饥。它还是带翅膀的"月下老人"，为植物传授花粉。太阳鸟是珍贵的益鸟，要严加保护。

太阳鸟生活在地跨亚洲与大洋洲之间的伊利安岛及澳大利亚东南部，盛产在巴布亚新几内亚。太阳鸟爱顶风飞行，所以又称风鸟。体长17～120厘米；嘴脚强健。大多数种类的雄鸟有特殊饰羽和彩色鲜艳的羽毛。主要分布于新几内亚及其附近岛屿，仅有少数种类见于澳大利亚北部和马鲁古群岛。鸣声粗厉。以各种果实为食，也吃昆虫、蛙、蜥蜴等。多单个或成对生活。多在树枝上营巢，用细枝筑成巨大的盆状物。从500多年以前起，西欧妇女就以它们的饰羽作为帽饰。由于它的羽毛鲜艳无比，体态华丽绝美，人们又称其为"天堂鸟"、"极乐鸟"、"女神鸟"等，是世界上著名的观赏鸟。

太阳鸟又是巴布亚新几内亚的国鸟，在他们的国旗、国徽甚至航空公司、电台、宾馆、商店、邮局、钱币等地方都有太阳鸟的标志，在某种意义上可以说太阳鸟与巴新就是同义词。

南太平洋岛国巴布亚新几内亚，是世界上著名的天堂鸟之乡。天堂鸟生活在深山老林里，全身五彩斑斓的羽毛，硕大艳丽的尾翼，腾空飞起，有如满天彩霞，流光溢彩，祥和吉利。当地居民深信，这种鸟是天国里的神鸟，它们食花蜜饮天露，造物主赋予它们最美妙的形体，赐予它们最妍丽的华服，为人间带来幸福和祥瑞。

太阳鸟原产于南非的好望角，每逢花季，远方山间有美丽的鸟飞来，花鸟相映，情形十分浪漫，它的高贵气质和美丽姿态都正如它的名字一样——"来自天堂之鸟"。

聪明的乌鸦

乌鸦俗称"老鸹"、"老鸦"，鸟纲，鸦科，全身或大部分羽毛为乌黑色，故名。多在树上营巢。常成群结队且飞且鸣，声音嘶哑。杂食谷类、昆虫等，功大于过，属于益鸟。

乌鸦是雀形目鸦科数种黑色鸟类的俗称，为雀形目鸟类中个体最大的，体长400～490毫米；羽毛大多黑色或黑白两色，黑羽具紫蓝色金属光泽；翅远长于尾；

↑ 乌鸦

嘴、腿及脚纯黑色。乌鸦为森林草原鸟类，栖于林缘或山崖，到旷野挖啄食物。集群性强，一群可达几万只。除少数种类外，常结群营巢，并在秋冬季节混群游荡。行为复杂，表现有较强的智力和社会性活动。鸣声简单粗厉。它为杂食性，很多种类喜食腐肉，并对秧苗和谷物有一定害处。但在繁殖期间，主要取食小型脊椎动物、蝗虫、蝼蛄、金龟甲以及蛾类幼虫，有益于农林业。

此外，它因喜腐食和啄食农业垃圾，能消除动物尸体等对环境的污染，起着净化环境的作用。它一般性格凶悍，富于侵略习性，常掠食水禽、涉禽巢内的卵和雏鸟。繁殖期的求偶炫耀比较复杂，并伴有杂技式的飞行。雌雄共同筑巢。巢呈盆状，以粗枝编成，枝条间用泥土加固，内壁衬以细枝、草茎、棉麻纤维、兽毛、羽毛等，有时垫一厚层马粪。每窝产卵 5～7 枚。卵灰绿色，布有褐色、灰色细斑。雌鸟孵卵，孵化期 16～20 天。雏鸟为晚成性，亲鸟饲喂 1 个月左右方能独立活动。野生乌鸦可活 13 年，豢养的寿命可达 20 年。有的经人工训练后可学人语并计数到 3 或 4，还能在容器内找到带记号的食物。乌鸦终生一夫一妻，并且懂得反哺（照顾父母）。

乌鸦是人类以外具有第一流智商的动物，其综合智力大致与家犬的智力水平相当。这要求乌鸦要有比家犬复杂得多的脑细胞结构。特别令人惊异的是，乌鸦竟然在人类以外的动物界中具有独到的使用甚至制造工具达到目的的能力，即使人类的近亲灵长类的猿猴也不过只能使用工具（借助石块砸开坚果），它们还能够根据容器的形状准确判断所需食物的位置和体积。"乌鸦喝水"的故事反映了其思维的巧妙。

乌鸦很具创新性，它们甚至可以"制造工具"完成各类任务。在乌鸦当中，智商最高的要属日本乌鸦。在日本一所大学附近的十字路口，经常有乌鸦等待红灯的到来。红灯亮时，乌鸦飞到地面上，把胡桃放到停在路上的车轮胎下。等交通指示灯变成绿灯，车子把胡桃辗碎，乌鸦们赶紧再次飞到地面上美餐。